KB132106

블록 코딩으로 초음파 자율 주행 자동차 만들기

아두이노 내친구 by 스크래치 3편

블록 코딩으로 초음파 자율 주행 자동차 만들기

2018년 1월 10일 1판 1쇄 발행

저 자　양세훈 · 박재일
발행자　김남일
기 획　김종훈
마케팅　정지숙
디자인　디자인클립

발행처　TOMATO
주 소　서울 동대문구 왕산로 225
전 화　0502.600.4925
팩 스　0502.600.4924
Website　www.tomatobooks.co.kr
e-mail　tomatobooks@naver.com

Copyright 양세훈, 박재일. 2018. Printed in Korea
카페 / http://cafe.naver.com/arduinofun

이 책에 실린 모든 내용, 디자인 이미지, 편집 구성의 저작권은
양세훈, 박재일과 도서출판 TOMATO에 있습니다.

저작권법에 의해 저작물의 무단 전재 및 무단 복제를 금합니다.
파본은 구입하신 서점에서 교환해 드립니다.

ISBN　978-89-91068-79-7　53500

경고, 어린이(만 13세 이하)를 대상으로 하는 피지컬 컴퓨팅 및 코딩 교육의 교구로 사용 시, 반드시 성인의 지도 감독 하에 사용할 것.

아두이노 내친구 by 스크래치 3편

블록 코딩으로 초음파 자율 주행 자동차 만들기

양세훈 · 박재일 공저

전 세계의 인터넷 사용자들은 매일 수억 시간의 동영상을 보고, 수십억 건의 동영상을 검색한다고 합니다. 그 검색 사이트의 이름을 혹시 아시나요? 네, 바로 유튜브입니다. 전 세계 최대 무료 동영상 공유 사이트로, 2006년 최고의 발명품으로 꼽힙니다.
그런데 유튜브가 어떻게 만들어졌는지 아세요? 스티브 첸이라는 사람이 생활 속에서 느낀 문제를 해결하려다 유튜브를 만들었습니다. 자신이 찍은 동영상을 친구들에게 보내려고 했는데 쉽지 않았습니다. 그래서 이렇게 생각했습니다.

'누구나 동영상에 관심이 있으니, 쉽게 동영상을 공유하는 사이트를 만들 수 없을까?'

이렇게 스티브 첸과 그의 친구들은 자신들의 생각을 담아 모든 사람을 뜻하는 You와 TV를 뜻하는 Tube를 붙여 모든 사람의 TV란 의미의 YouTube를 만들었습니다.
이것이 바로 소프트웨어의 힘입니다. 소프트웨어를 이용해서 유튜브라는 멋진 사이트를 만들었습니다. 혁신의 아이콘으로 불리는 스티브 잡스, 마이크로소프트사를 만든 빌 게이츠, 페이스북을 만든 마크 저커버그. 이들은 모두 소프트웨어로 세상을 바꾼 사람들입니다.

소프트웨어는 4차 산업혁명 시대를 준비하는 국가경쟁력의 핵심입니다. 미래를 준비하는 우리들은 반드시 소프트웨어를 잘 알아야 합니다.
소프트웨어를 이용해서 문제를 해결하는 능력은 매우 중요합니다. 따라서 초등학교부터 소프트웨어를 배워야 합니다. 영국에서는 이미 소프트웨어 과목을 필수과목으로 지정하여 초등학교부터 소프트웨어를 교육합니다.

단순히 소프트웨어를 만들기 위해 소프트웨어 교육이 필요한 것이 아닙니다. 우리가

소프트웨어를 배우는 이유는 생각하는 힘을 키우기 위해서입니다. 이렇게 생각하는 힘을 키운다면 컴퓨터를 이용해서 문제를 멋지게 해결할 수 있습니다. 컴퓨터는 계산도 빠르게 하고, 복잡한 일도 잘 해내지만, 무엇을 해야 하는지 알려 주지 않는다면 아무것도 하지 못합니다. 컴퓨터에 무엇을 어떻게 해야 하는지 알려주는 것이 바로 소프트웨어이고 소프트웨어를 만드는 것이 바로 코딩입니다.

그럼 어떻게 코딩을 공부하면 될까요? 스크래치와 아두이노로 코딩을 배우면 매우 쉽고 재미있게 공부할 수 있습니다.

키보드로 직접 치는 텍스트 코딩은 어렵습니다. 따라서 마우스를 이용해서 쉽게 프로그램을 만들 수 있는 블록코딩으로 코딩을 배우는 것이 매우 효과적입니다. 그리고 실제 움직이는 물체가 있다면 더욱 집중을 잘할 수 있습니다. 그것이 바로 아두이노입니다. 스크래치와 아두이노를 같이 공부하면 효과는 더욱 큽니다.

이제 우리는 코딩을 모르면 안 되는 시대를 살아가야 합니다. 코딩을 열심히 공부하고 생각하는 능력을 키운다면 우리는 제2의 스티브 첸, 스티브 잡스, 빌 게이츠, 마크 저커버그, 엘론 머스크가 될 수 있습니다.

열심히 공부하여 세상을 바꿔 역사를 새로 쓰는 멋진 사람이 되길 바랍니다.

코딩을 공부하고 싶은데 좋은 책을 찾지 못했나요? 아두이노를 배우고 싶은데 다른 책은 너무 어렵나요? 그렇다면 이 책을 여러분에게 강력히 추천합니다.

이 책은 코딩을 전혀 모르는 사람도 배울 수 있도록 쉽게 쓰였습니다. 어려운 전문용어를 사용한 것이 아니라, 코딩을 전혀 모르는 사람도 이해할 수 있도록 쉽고 자세하게 설명했습니다. 그리고 그림을 보고 따라 하다 보면 누구나 쉽게 코딩을 배울 수 있습니다. 마치 흥미진진한 소설을 읽는 것처럼 재미있게 코딩을 공부할 수 있습니다. 또한, 중요한 내용은 여러 번 반복해서 설명하므로 이 책을 읽다 보면 많은 내용이 머릿속에 남게 될 것입니다.

코딩을 컴퓨터로만 공부하면 심심합니다. 하지만 우리가 직접 만질 수 있는 작품을 만들면서 코딩을 배운다면 훨씬 재미있게 배울 수 있습니다. 우리는 이 책으로 아두이노 작품을 만들면서 코딩을 매우 재미있고 신나게 배우게 됩니다.
아두이노는 원래 스케치라는 프로그램을 사용합니다. 그런데 스케치는 영어로 코딩을 해야 하고, 문법도 알아야 해서 배우기 어렵습니다. 영어로 타자를 치다보면 실수도 많이 합니다. 그러다 보면 코딩이 점점 재미없고, 지겹게 느껴집니다.
하지만 스크래치를 이용하면 아주 쉽게 아두이노 코딩을 할 수 있습니다. 마치 레고 블록을 서로 연결하는 것처럼 코딩하면 됩니다.

3편에서는 1편에서 배운 내용을 더욱 자세하게 배우게 됩니다. 1편에서는 스크래치의 기본 사용 방법과 아두이노 코딩을 하는 법을 배웠습니다. 2편에서는 라인센서를 이용하여 라인트랙 자동차를 만드는 법을 배웠습니다. 그런데 2편의 내용을 몰라도 3편을 공부하는데 전혀 문제가 되지 않습니다. 음식점에서 원하는 음식을 고르듯이 원하는 것을 선택하면 됩니다.

3편에서는 새롭게 추가된 전자부품을 이용하여 더욱 재미있는 게임을 만들어 보겠습니다. 전자회로에 대해서도 더욱 자세하게 배우게 됩니다. 아두이노로 더욱 멋진 작품을 만들기 위해서는 더 많은 전자회로 지식을 알아야 합니다. 이 책에 있는 전자부품을 사용하여 코딩을 하다 보면 어려운 전자회로 지식도 쉽게 이해할 수 있습니다.
자율 주행 자동차를 만들기 위해서는 다양한 전자부품을 알아야 합니다. 초음파 센서, 서보모터, DC모터, 모터 드라이버 모듈 등 다양한 전자부품을 직접 사용하여 코딩하면서 멋진 자율 주행 자동차를 만들어 봅시다.

생각하는 능력은 매우 중요합니다. 문제를 발견하고 그 문제를 작게 나눠서 순서대로 해결하는 것. 이렇게 생각하는 능력을 컴퓨팅 사고력이라고 합니다. 우리는 이 책을 통해서 생각하는 힘이 길러서 어려운 문제를 멋지게 해결할 것입니다.

아두이노를 더 쉽고 재미있게 공부할 수 있도록 홈페이지를 만들어 많은 자료를 준비했습니다.

토마토 출판사 카페(http://cafe.naver.com/arduinofun)에 와서 많은 내용을 배워서 더 멋진 작품을 만들어 보세요.

목 차

Chapter

똑똑한 아두이노 자율 주행 트랙 자동차

ARDUINO™

forever
imagine
program
share

01 신기한 초음파 센서

Program Robots

1. 스크래치 설치 방법을 알아봐요
2. 초음파 센서를 알아봐요
3. 초음파 센서로 경고 장치 만들기
4. 초음파 센서로 게임 만들기 1
5. 초음파 센서로 게임 만들기 2

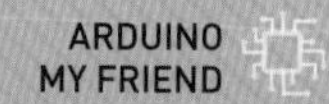

1 스트래치 설치방법을 알아봐요

우선 스크래치를 어떻게 사용하는지 다시 알아보겠습니다. 우리가 흔히 아는 스크래치로는 아두이노에게 명령을 내릴 수 없습니다. 스크래치의 명령어를 아두이노가 이해할 수 있도록 바꿔주지 못하게 때문이죠. 우리는 단순한 스크래치를 쓰는 것이 아니라, 아두이노에게 명령을 내릴 수 있는 스크래치를 사용하겠습니다.

우리가 사용할 프로그램은 mBlock입니다. 이 프로그램을 쓰면 아주 간단하게 스크래치로 아두이노 코딩을 할 수 있습니다.

우선 mBlock을 어떻게 설치하는지 알아보겠습니다.
인터넷 주소창에 mblock.cc라고 쓰고 엔터키를 눌러 아래의 사이트로 들어갑니다.
그리고 다운로드(DOWNLOAD)를 클릭합니다.

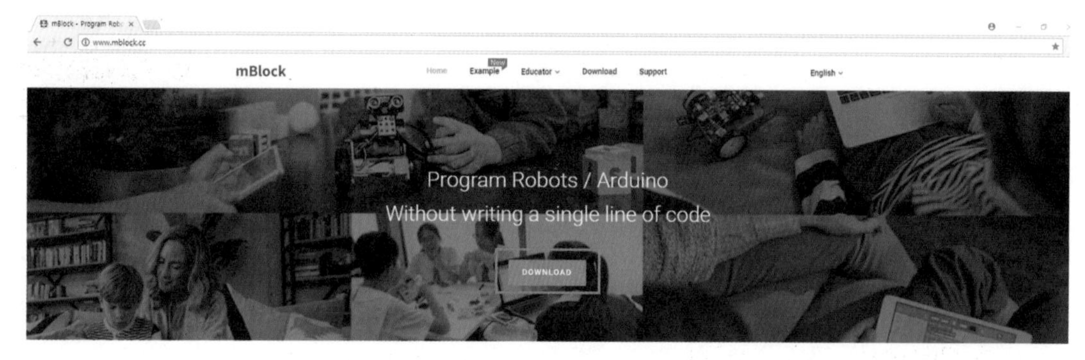

그림 1-1 다운로드

MakeBlock이라는 회사에서 mBlock을 만들었는데 프로그램 오류가 있으면 고쳐서 점점 업데이트하고 있습니다. 그리고 사이트도 점점 더 사용하기 편하게 바뀌고 있습니다.
이 책에서는 3.4.11 버전을 기준으로 썼습니다. 나중에 MakeBlock에서 프로그램을 업데이트하면 프로그램 모습이 바뀔 수도 있습니다.

자신의 컴퓨터에 맞는 프로그램을 다운 받습니다.
이 책에서는 윈도우 7에 맞는 프로그램을 다운 받았습니다.

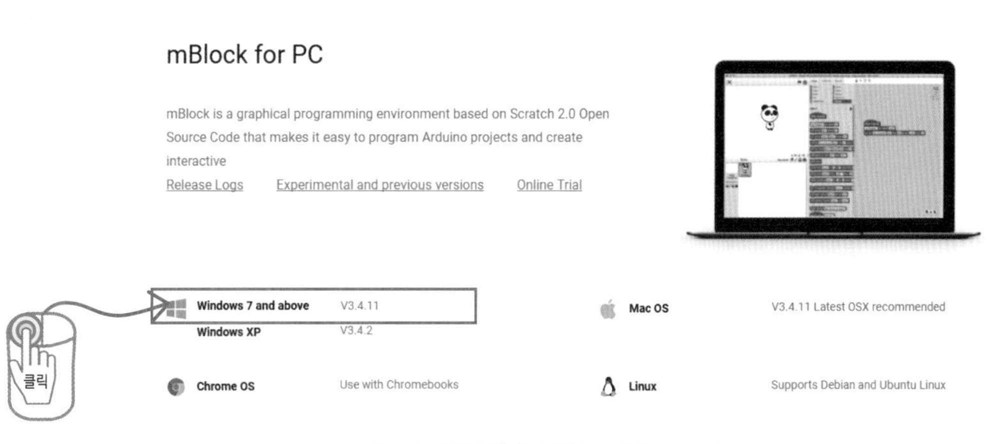

그림 1-2 운영체제에 맞는 버전 고르기

오른쪽의 아이콘을 마우스 왼쪽 버튼으로 빠르게 두 번 누르면 설치가 됩니다.

그림 1-3 설치 프로그램

프로그램을 설치할 때 영어나 어려운 말이 나오는데 걱정할 필요 없습니다.
실행, 동의(Accept), 다음(Next), OK, 설치(Install)라는 단어가 나오는 버튼을 계속 클릭하면 설치가 됩니다.
앞으로 다른 프로그램 설치할 때도 마찬가지입니다.

그러면 바탕화면에 귀여운 곰돌이 아이콘이 생깁니다.

그림 1-4 mBlock 프로그램

어때요? 참 쉽죠?

2 초음파 센서를 알아봐요

박쥐는 훌륭한 사냥꾼입니다. 어두운 밤에도 먹이를 찾아서 멋지게 사냥을 합니다. 그런데 박쥐는 시력이 안 좋아서 앞을 잘 보지 못합니다. 어떻게 앞이 잘 보이지 않는데 어두운 밤에 사냥을 할 수 있을까요? 비결은 바로 초음파입니다.

그림 1-5 초음파로 사냥감을 찾는 박쥐

박쥐는 깜깜한 밤에 초음파를 이용해서 물체의 크기, 위치를 알아냅니다. 박쥐가 초음파를 보내면 물체에 부딪쳐 다시 되돌아옵니다. 이때 박쥐와 물체가 떨어진 거리에 따라서 돌아오는 시간이 달라집니다.
물체가 멀리 있으면 천천히 돌아오고 가까이 있으면 빨리 돌아옵니다.

초음파 센서는 초음파를 이용하여 다른 물체와의 거리를 재는 장치입니다. 한 쪽에서 초음파를 보내면 다른 쪽에서 되돌아오는 초음파를 읽습니다.

주차를 할 때 자동차가 다른 자동차나 벽으로 가까이 움직이면 경고음을 내는 장치를 본 적이 있나요? 이 장치도 초음파센서를 이용한 것입니다. 그리고 임신을 했을 때, 배 속에 아기가 잘 있는지 검사하는 장치도 초음파 센서를 이용합니다. 이렇게 초음파 센서는 생활 속에서 다양하게 사용됩니다.

초음파 센서는 전자장치에서 초음파를 보내고 초음파가 되돌아오는 시간을 계산하여 물체와의 거리를 알 수 있습니다.
초음파 센서에 TX(또는 T), RX(또는 R)라고 쓰여 있는 것을 볼 수 있습니다. TX는 트랜스미트(Transmit: 초음파를 보내다)를, RX는 리시브(Receive: 초음파를 받다)를 줄여서 표현한 것입니다. 마치 로봇의 눈처럼 생겼죠?
TX라고 쓰여 있는 곳에서 초음파를 보냅니다. 그리고 되돌아오는 초음파를 RX라고 쓰여 있는 곳에서 받아서 거리를 계산하는 것입니다. 어때요? 참 쉽죠?

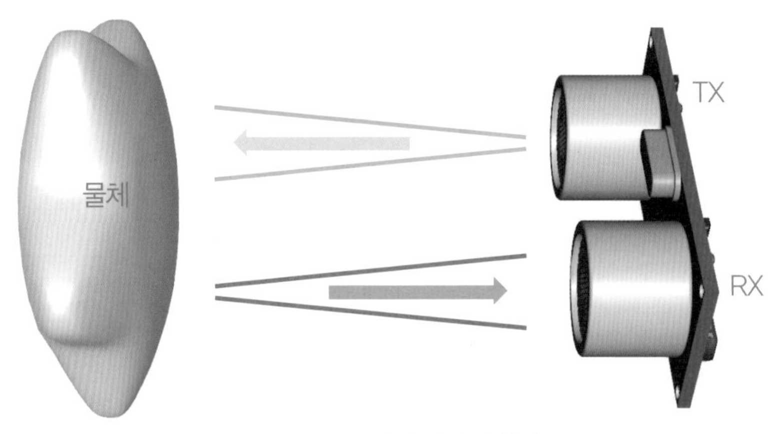

그림 1-6 초음파 센서의 원리

초음파 센서에는 4개의 핀이 있습니다. VCC, Trig, Echo, GND가 바로 그것이죠.

- VCC는 볼티지 오브 커먼 콜렉터(Voltage of Common Collector)란 뜻인데 5V 전원과 연결합니다. V가 있으니 5V 전원과 연결한다고 기억하면 좋습니

다. 플러스 극(+극)이라고 생각하면 됩니다.

◆ Trig는 트리거(Trigger)란 뜻으로, 아두이노 디지털 핀과 연결합니다. 여기로 전압을 주면 TX에서 초음파를 보냅니다.

◆ Echo는 에코(Echo)로 메아리라는 뜻입니다. 우리가 산에서 소리를 내면 소리가 다시 우리에게 되돌아오는 것처럼 TX에서 보낸 초음파가 RX로 되돌아옵니다.

◆ GND는 그라운드(Gound)로 1편과 2편에서 배운 내용입니다. 아두이노의 그라운드 핀(GND)과 연결합니다. GND는 마이너스 극(-극)이라고 생각하면 됩니다.

초음파 센서를 아두이노와 연결하기 위해서 점퍼케이블을 사용합니다.
은색 핀 부분이 나와 있는 것을 수(수컷), 구멍이 있는 것을 암(암컷)이라고 합니다.
은색 핀 부분이 양쪽에 나와 있으면 수-수 점퍼 케이블이라고 합니다.
한쪽은 전선 핀이 나와 있고 반대쪽에는 구멍이 있으면 암-수 점퍼 케이블이라고 합니다. 초음파 센서처럼 핀 부분이 나와 있으면 암-수 점퍼 케이블을 이용해서 연결합니다.

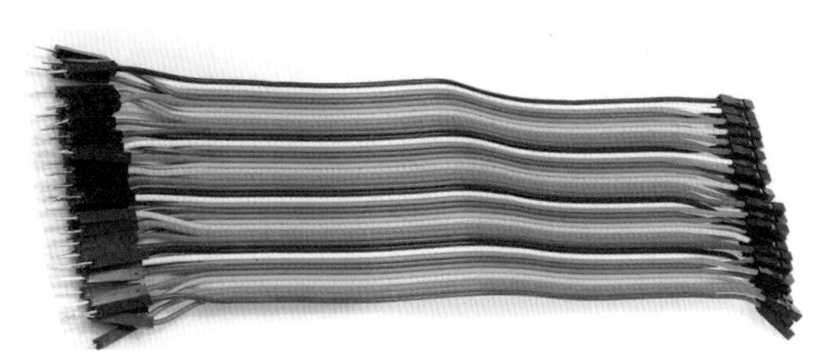

그림 1-7 암-수 점퍼케이블

초음파 센서와 아두이노를 연결하여 물체와의 거리를 알아보는 프로그램을 만들어 보겠습니다.

먼저 회로를 만들겠습니다. 초음파 센서의 VCC는 아두이노의 5V와 연결합니다. 초음파 센서의 GND는 아두이노의 GND와 연결합니다. Trig는 아두이노 디지털 13번 핀과 연결합니다. Echo는 아두이노 디지털 12번 핀과 연결합니다.

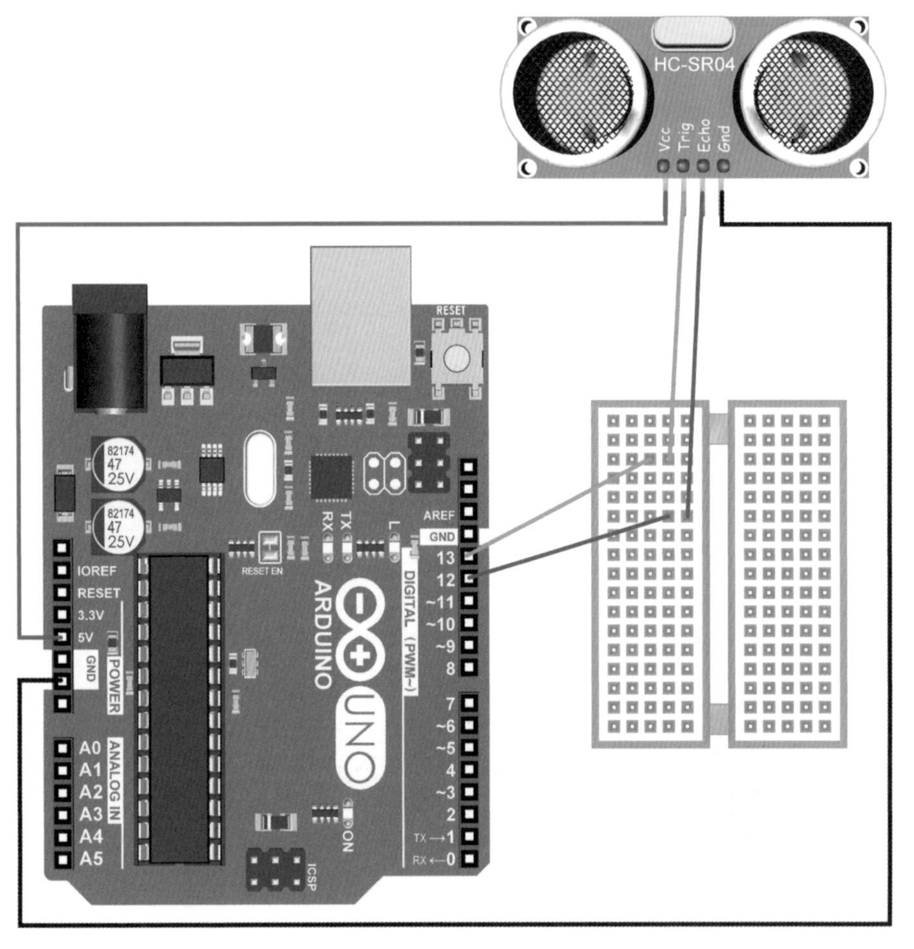

그림 1-8 초음파 센서와 아두이노 연결

브레드보드를 사용하면 더욱 쉽게 회로를 만들 수 있습니다.

브레드보드는 전자부품을 쉽게 연결하기 위해서 만든 도구입니다. 원래는 납을 뜨겁게 녹여서 전자부품을 연결해야 합니다. 납땜을 할 때는 인두기라는 도구를 사용해야 합니다. 인두기가 뜨거워지면 납을 녹입니다. 인두기는 위험하기도 하고 한 번 납땜한 부품은 다른 곳에 다시 사용하기 어렵습니다.

하지만 브레드보드를 사용하면 힘들게 납땜을 하지 않아도 멋진 회로를 만들 수 있습니다.

우리가 사용할 브레드보드를 관찰해 봅시다. 가로 방향으로 같은 줄에 있는 5개의 구멍은 서로 연결되어 있습니다. 뒷면을 보면 전기가 잘 통하는 금속판을 볼 수 있습니다.

브레드보드 앞면

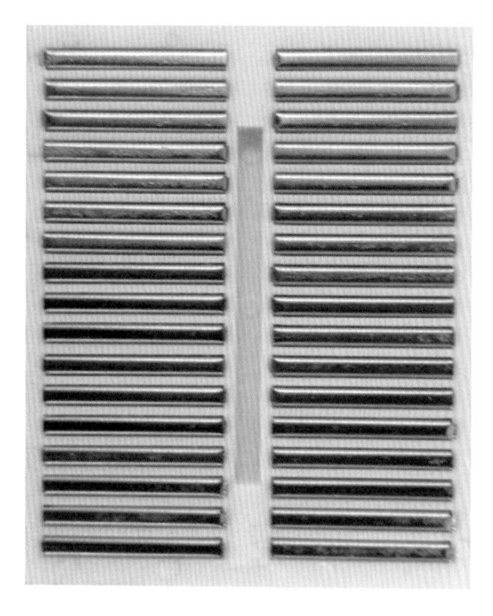

그림 1-9 브레드보드

그리고 코딩을 하겠습니다.

크게 3가지 단계로 아두이노와 연결하여 코딩을 합니다.

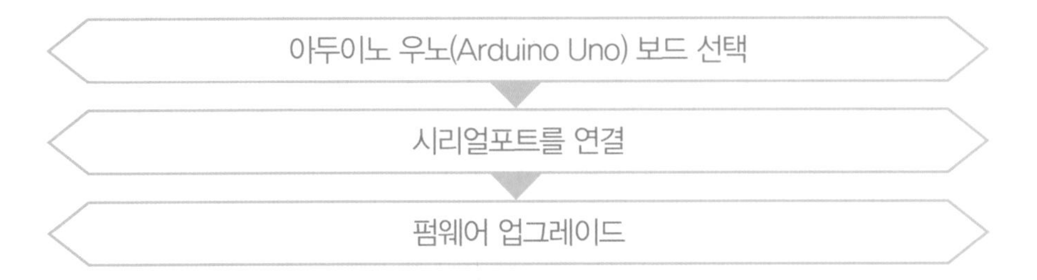

우선 〈보드〉를 클릭하고 〈Arduino Uno〉를 선택합니다.

mBlock - Based On Scratch From the MIT Media Lab

파일 편집 연결 보드 확장 언어 도움

Untitled

Arduino
Arduino Uno
Arduino Leonardo
Arduino Nano (mega328)
Arduino Mega 1280
Arduino Mega 2560

Makeblock
Starter/Ulitimate (Orion)
Me Uno Sheld
mBot (mCORE)
mBot Ranger (Auriga)
Ultimate 2.0 (Mega Pi)

기타
PicoBoard

클릭

그림 1-10 보드 선택

이렇게 Arduino Uno를 선택해야 아두이노에 명령을 잘 내릴 수 있습니다.

스크래치는 비슷한 명령어끼리 모아서 색깔로 구분했다는 것 기억나죠?
아두이노와 관련된 명령어는 로보트 블록 모음에서 찾을 수 있습니다.

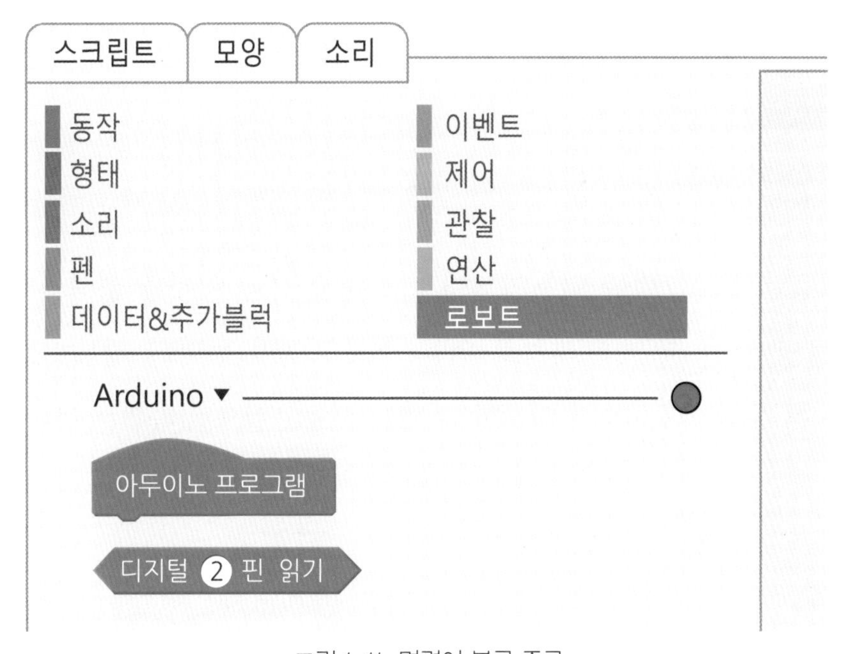

그림 1-11 명령어 블록 종류

오른쪽 아래의 빨간색 버튼은 아두이노 보드가 아직 컴퓨터에 연결되지 않았다는 뜻입니다. 아두이노 보드가 연결되면 빨간색 버튼이 초록색으로 바뀝니다.

명령어 블록의 색깔을 잘 보면서 코딩을 해봅시다. 초음파 센서 블록은 로보트 블록 모음에서 찾을 수 있습니다.
Trig를 디지털 13번 핀과, Echo는 12번 핀과 연결했으므로 그림 1-12와 같이 코딩을 합니다.

그림 1-12 초음파 센서 읽기

그리고 코딩한 프로그램을 아두이노에게 보내줍니다. 이것을 업로딩이라고 합니다. 업로딩이 될 때 스크래치로 만든 프로그램이 펌마타 펌웨어(Firmata firmware)를 통해 아두이노가 이해할 수 있는 프로그램으로 바뀌는 겁니다.

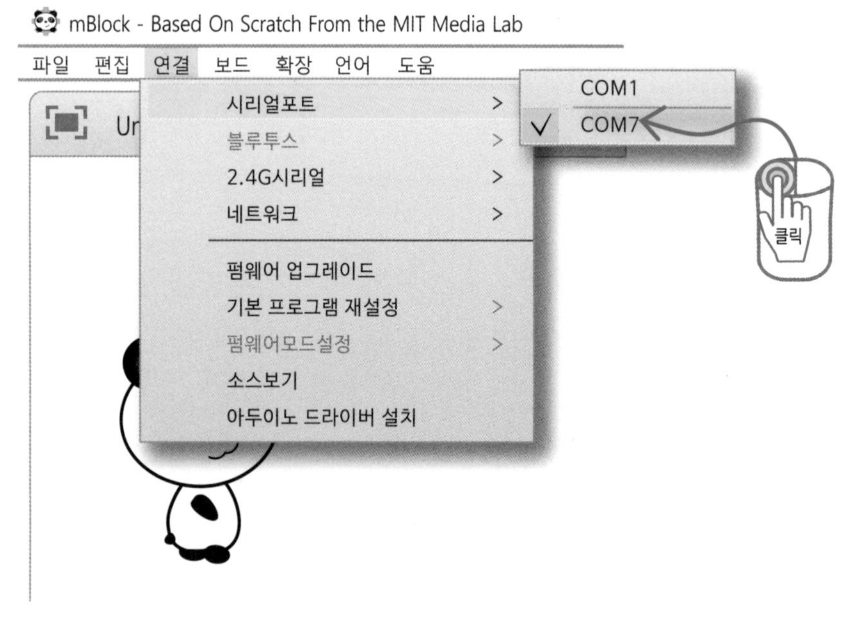

그림 1-13 시리얼포트 연결하기

〈연결〉-〈시리얼포트〉를 순서대로 클릭합니다. 그러면 연결된 아두이노를 확인할 수 있습니다. COM 뒤에 숫자가 나오는데 아두이노를 컴퓨터와 연결했을 때 나오는 COM를 선택하면 됩니다. 이 책에서는 COM7를 선택했는데 컴퓨터마다 COM 번호는 다를 수 있습니다.

이렇게 연결이 되면 스크래치 프로그램을 아두이노에 업로딩할 수 있습니다.

연결이 잘 되면 프로그램 창 위에 〈시리얼포트 연결됨〉이라고 표시를 해줍니다.

〈연결〉-〈펌웨어 업그레이드〉를 순서대로 클릭합니다.

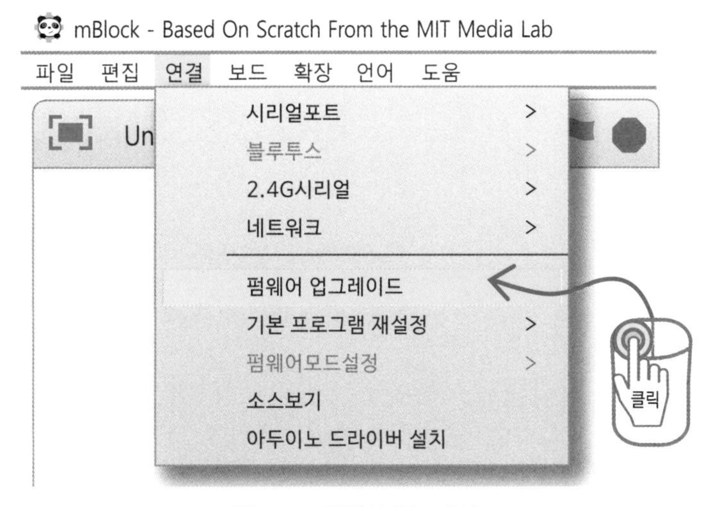

그림 1-14 펌웨어 업그레이드

그러면 프로그램 업로딩이 시작됩니다.

그리고 초록색 깃발을 누르면 그림과 같이 곰돌이가 물체와의 거리를 말해줍니다.

그림 1-15 초음파 센서 값 읽기

초음파 센서에 손을 가까이 가져갈수록 숫자는 점점 작아집니다. 어때요? 참 쉽죠?

그런데 초음파 센서 TX(또는 T)의 오른쪽에 손을 갖다 대도 숫자가 작아지는 것을 볼 수 있습니다. 초음파는 레이저처럼 앞으로 쭉 나가지 않습니다. 초음파는 마치 물결이 퍼지는 것처럼 나갑니다. 그래서 초음파 센서의 TX 옆에 손을 갖다 대도 물체를 감지할 수 있습니다.

그림 1-16 초음파 센서의 범위

그런데 업로딩이 잘 안 되는 경우가 있습니다.

스크래치와 아두이노가 서로 통신을 잘 못 하는 것이죠. 연결이 잘 안 되면 프로그램 창 위에 〈시리얼포트 연결됨〉이라고 표시가 되지 않습니다.

이럴 때는 프로그램을 끄고 USB 케이블을 컴퓨터에서 뺍니다. 그리고 프로그램을 다시 켜고 USB 케이블을 연결한 후 앞에 나왔던 내용을 그대로 다시 해주면 됩니다.

1. 〈보드〉 – 〈Arduino Uno〉 클릭
2. 〈연결〉 – 〈시리얼포트〉 – 〈COM〉 클릭

그래도 연결이 되지 않으면 아두이노 드라이버를 다시 설치해야 합니다.

드라이버는 컴퓨터와 연결된 장치를 사용할 수 있도록 해주는 프로그램입니다. 예를 들면 마우스, 키보드, 프린터 등이 있습니다.

아두이노 드라이버가 설치되지 않으면 컴퓨터로 아두이노에게 명령을 내릴 수가 없습니다.

그림 1-17과 같이 〈연결〉-〈아두이노 드라이버 설치〉를 순서대로 클릭합니다.

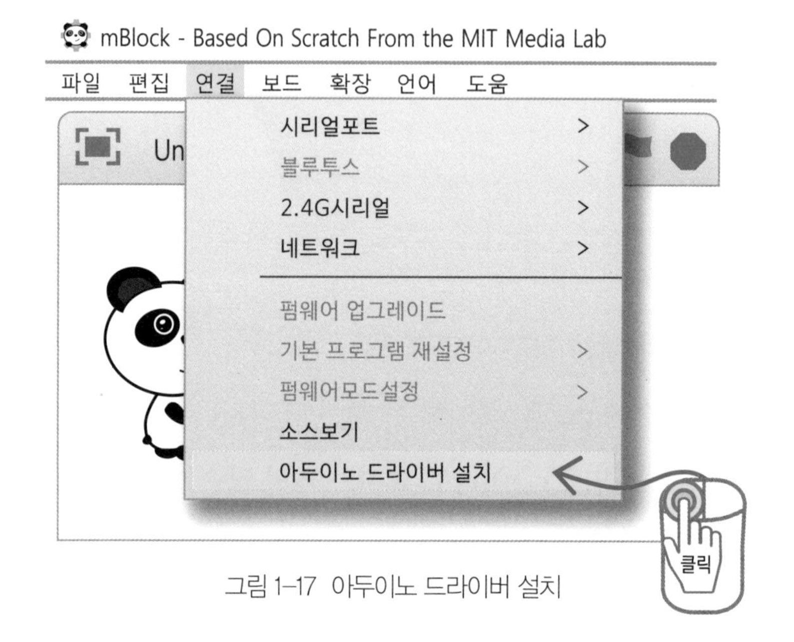

그림 1-17 아두이노 드라이버 설치

아니면 아두이노 사이트에서 직접 프로그램을 다운받아도 됩니다.

❶ 네이버나 구글 등 웹 페이지의 검색창에 arduino.cc라고 쓰고 엔터키를 누릅니다.

❷ 검색창에서 Arduino.cc를 클릭합니다.

❸ Arduino 홈 페이지 메뉴 바에서 Software라는 글자를 클릭하고 프로그램을 다운받습니다.

❹ Windows installer를 클릭하면 바로 설치됩니다.

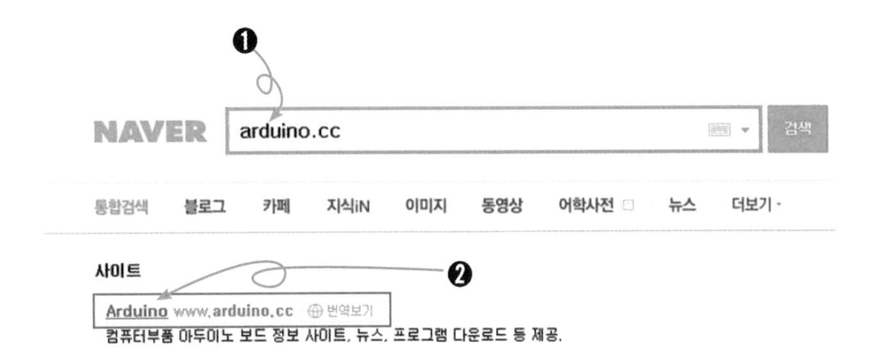

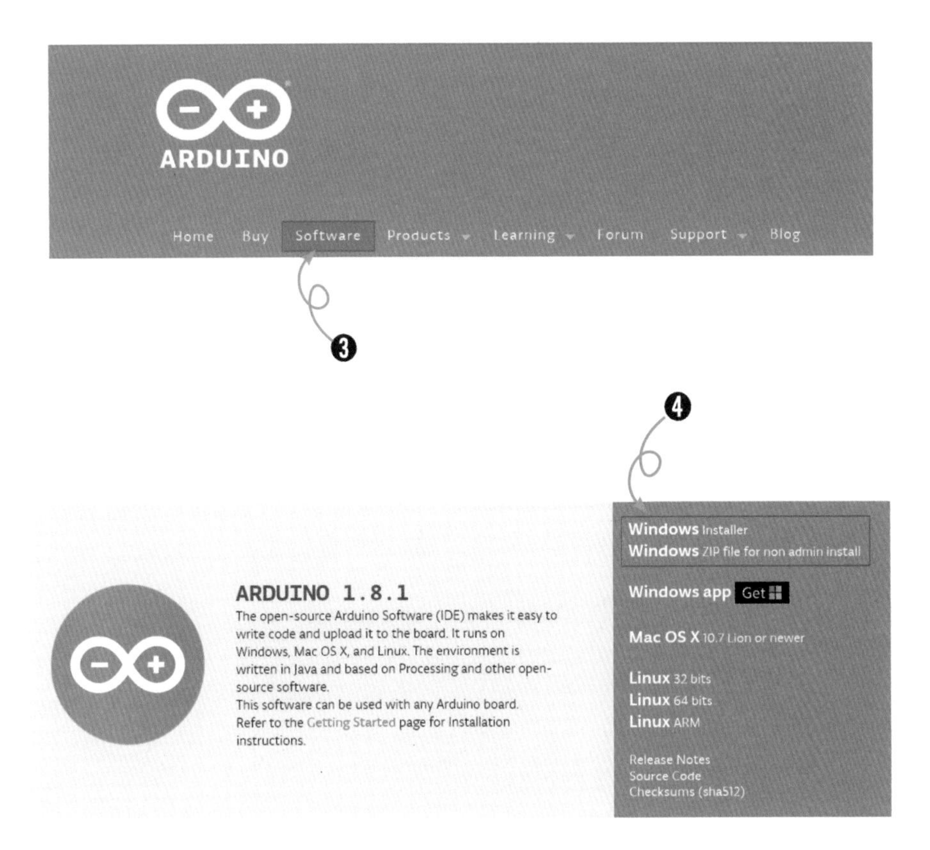

그림 1-18 아두이노 다운로드

mBlock 프로그램을 설치하는 것처럼 실행, 동의(Accept), 다음(Next), OK, 설치(Install)라는 단어가 나오는 버튼이 있으면 계속 클릭합니다.

프로그램이 다 설치되면 바탕화면에 아두이노 아이콘 이 만들어집니다.

초음파 센서를 이용해서 곰돌이를 움직여 보겠습니다.

우선 곰돌이가 오른쪽을 보게 합니다. 다시 한 번 복습하면, 스크래치에서 삼각형 표시는 선택할 수 있는 것이 여러 개 있다는 뜻입니다. 그림 1-19처럼 삼각형 표시를 눌러서 오른쪽을 선택합니다.

그림 1-19 오른쪽 보기

[거리] 변수를 만들어서 초음파 센서에서 읽은 값을 저장합니다.

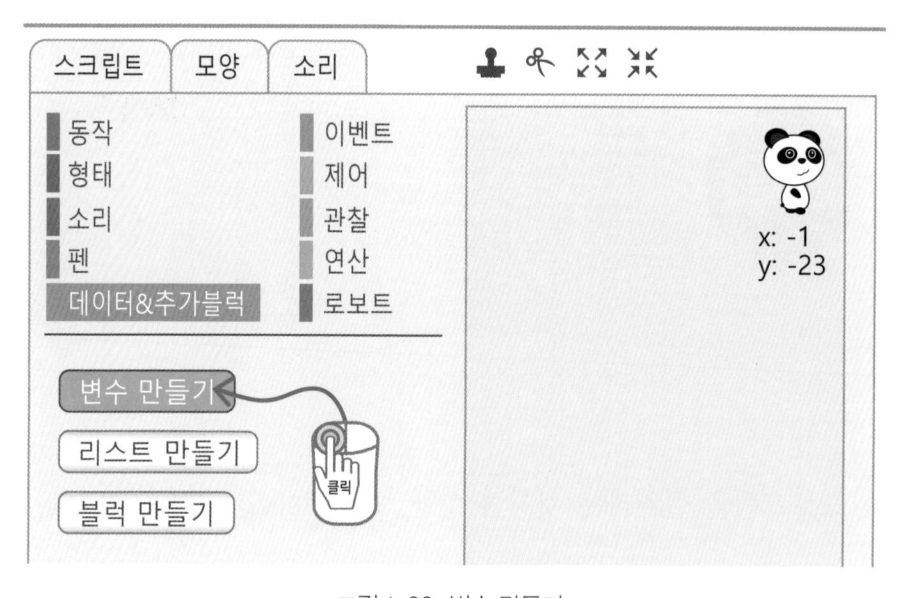

그림 1-20 변수 만들기

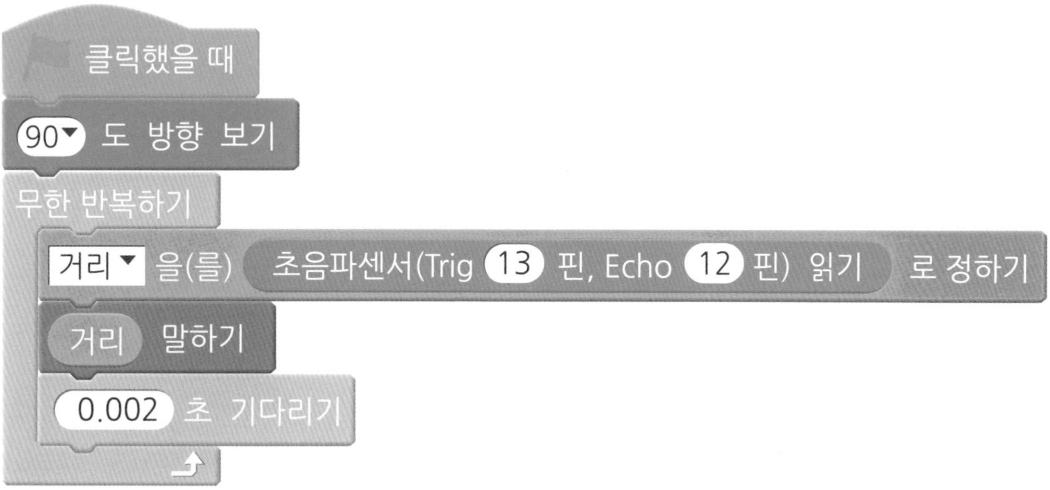

클릭했을 때
90 도 방향 보기
무한 반복하기
거리 을(를) 초음파센서(Trig 13 핀, Echo 12 핀) 읽기 로 정하기
거리 말하기
0.002 초 기다리기

그림 1-21 거리 말하기

그림 1-22처럼 코딩하면 거리 변수 값이 30보다 작을 때 -10만큼 움직여서 왼쪽으로 움직이게 됩니다. 30보다 작지 않으면 10만큼 움직여서 오른쪽으로 움직이게 됩니다.

클릭했을 때
무한 반복하기
만약 거리 < 30 라면
-10 만큼 움직이기
아니면
10 만큼 움직이기

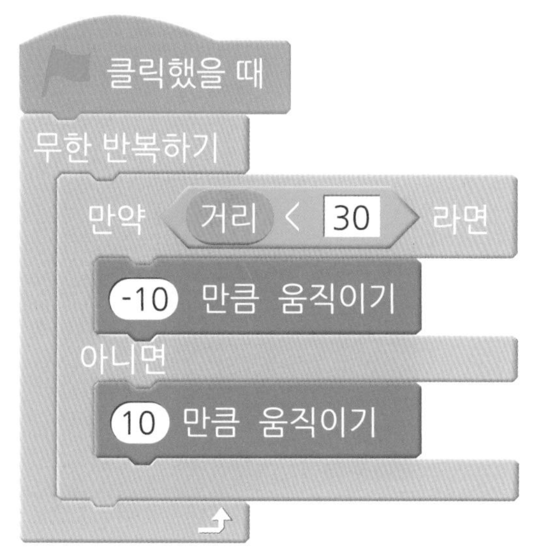

그림 1-22 거리 값으로 움직이기

그림 1-23 움직이는 곰돌이

이 초음파 센서를 이용하여 앞에 있는 장애물을 피하는 자율 주행 자동차를 만들 수 있습니다.

초음파 센서를 어떻게 사용하는지 잘 익혀서 자율 주행 자동차를 만들기 위한 기초 실력을 탄탄하게 키우기 바랍니다.

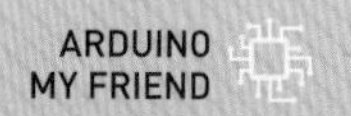

3 초음파 센서로 경고 장치 만들기

자동차가 뒤로 갈 때 사람이나 장애물이 있으면 경고음이 나는 것을 본 적이 있나요? 자동차 뒤에도 장애물을 감지할 수 있는 초음파 센서가 있습니다. 아두이노와 초음파 센서, 엘이디(LED)를 이용하여 멋진 경고 장치를 만들어 봅시다.

1. 초음파 센서로 거리 읽기
2. 초음파 센서의 값에 따라서 엘이디(LED) 불의 색깔 바꾸기

엘이디(LED)는 단계로 초록불, 노란불, 빨간불이 있습니다.
이 3가지 엘이디(LED)를 이용하면 멋진 경고 장치를 만들 수 있습니다.

그림 1-24 거리 말하기

그림 1-24 거리 말하기

디지털 핀과 엘이디(LED)는 오른쪽 표와 같이 연결합니다.

디지털 핀	엘이디(LED)
8번	초록불
9번	노란불
10번	빨간불

엘이디(LED)는 극성이 있다는 것 기억나죠? 엘이디(LED)의 긴 다리는 플러스 극과 연결하고, 짧은 다리는 마이너스 극과 연결합니다.

여기서 아두이노 전자회로 지식을 다시 한 번 정리합시다. 아두이노 디지털 핀에서 전기가 나가는데, 이렇게 전기가 나가는 곳이 플러스 극이 됩니다. 그리고 GND는 항상 0V이므로, 마이너스 극이 됩니다.

엘이디(LED)의 긴 다리는 디지털 핀과 연결하고, 짧은 다리는 GND와 연결합니다.
너무 큰 전류가 흐르면 고장 난다는 것 기억나죠? 엘이디(LED)와 220옴 저항을 연결합니다.

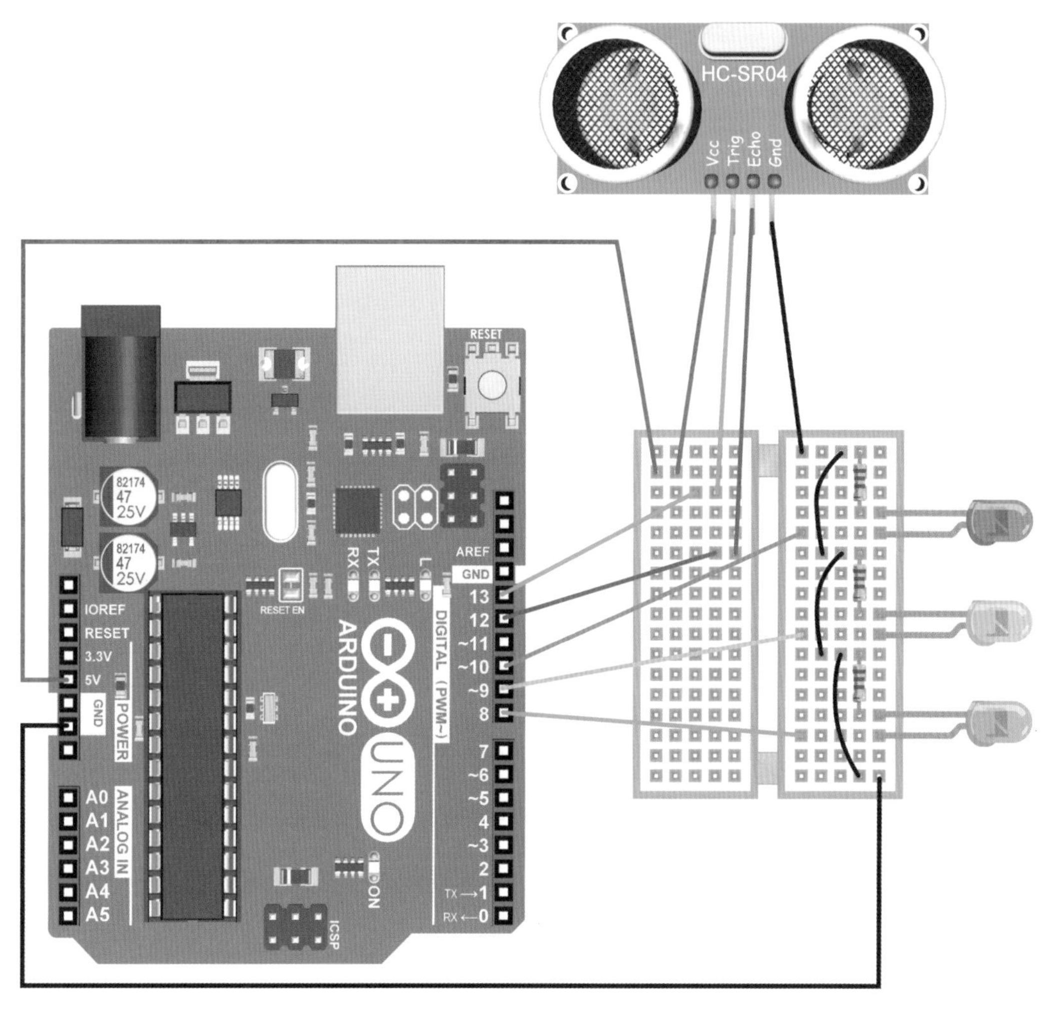

그림 1-25 엘이디 3개 연결

5V에서 전기가 나와 엘이디(LED)를 지나서 GND도 잘 들어가는지 확인하면서 회로를 만듭니다.

초음파 센서의 값에 따라 범위를 100 이상, 30 초과 ~ 100 미만, 30 이하로 총 3단계로 나누겠습니다.

범위	단계
100 이상	안전
30 초과 ~ 100 미만	주의
30 이하	위험

이상 또는 이하, 초과 또는 미만은 오른쪽 그림의 〈그리고〉, 〈또는〉 명령어를 잘 사용하면 됩니다.

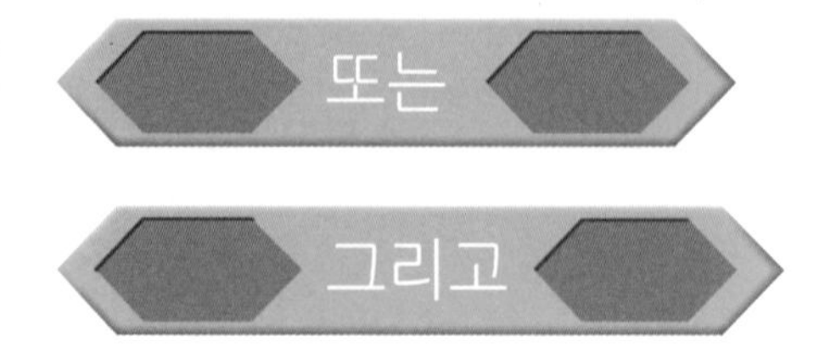

그림 1-26 거리 값에 따라서 엘이디(LED) 켜기

더 깔끔하게 코딩할 수 없을까요? 무엇을 이용하면 될까요? 바로 함수입니다.

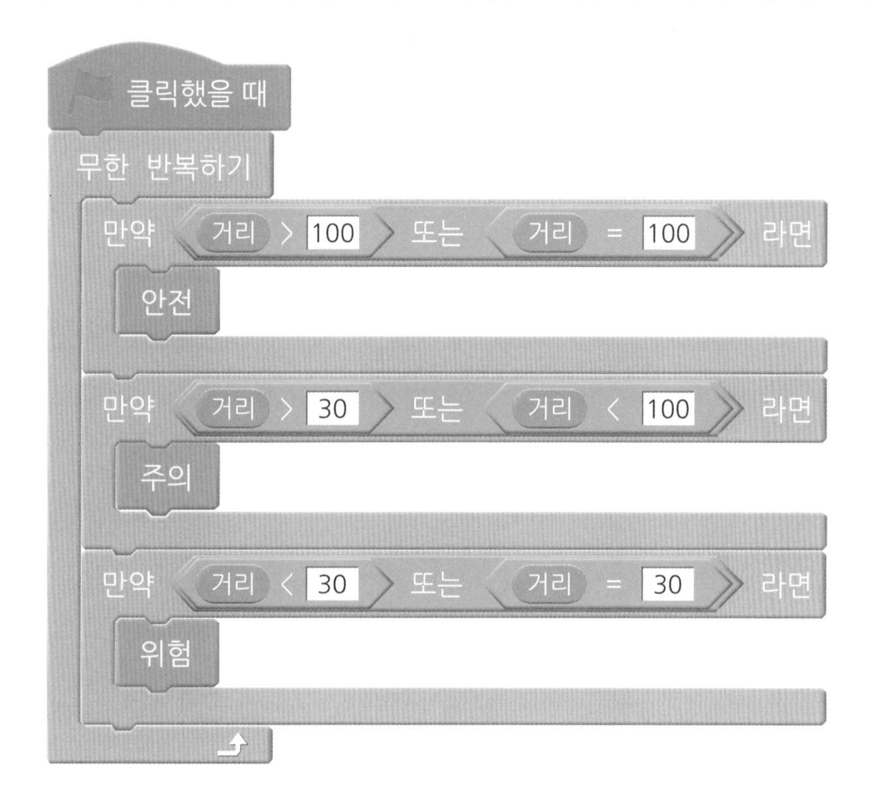

그림 1-27 함수로 코딩하기

함수를 이용하면 그림 1-27과 같이 아주 깔끔하게 코딩을 할 수 있으며, 코딩한 것도 더욱 이해가 잘 됩니다. 그리고 코딩한 것을 고치려고 할 때도 함수에서 바꾸고 싶은 부분만 바꿔주면 됩니다.

함수를 잘 쓰면 아주 편하게 코딩을 할 수 있습니다. 우리를 도와주는 멋진 함수! 머릿속에 꼭 기억해주세요.

피에조 부저를 이용하여 경고음이 나도록 코딩을 해보겠습니다.

피에조 부저를 사용해서 소리를 만들 수 있습니다. 피에조 부저는 안에 얇은 막이 있어서 전기를 주면 떨리면서 소리가 납니다.

피에조 부저는 엘이디(LED)처럼 극성이 있습니다. 피에조 부조를 보면 +라고 표시된 쪽이 플러스 극입니다. 긴 다리는 플러스 극과 연결하고, 짧은 다리는 마이너스 극과 연결합니다. 긴 다리는 7번 디지털 핀과 연결합니다. 7번 디지털 핀에서 전기가 나오면 플러스 극이 되기 때문이죠.

톤 9 핀을 C4▼ 음, 1/2▼ 박자로 소리내기

그림 1-28 톤 블록

그림 1-28에서 삼각형 표시가 있는 것을 보니 고를 수 있는 것이 여러 개 있다는 것을 알 수 있습니다.

주파수를 바꿔주면 소리를 다양하게 낼 수 있는데 가운데 C4가 있는 곳이 바로 주파수 값을 넣는 자리입니다.

C4에서 C는 계이름에 도입니다. 그리고 4는 옥타브를 나타냅니다. 옆에 삼각형이

있는 것이 보이죠? 여기를 클릭하면 다양한 계 이름을 선택할 수 있습니다.
(C: 도, D: 레, E: 미, F: 파, G: 솔 A: 라 B: 시)

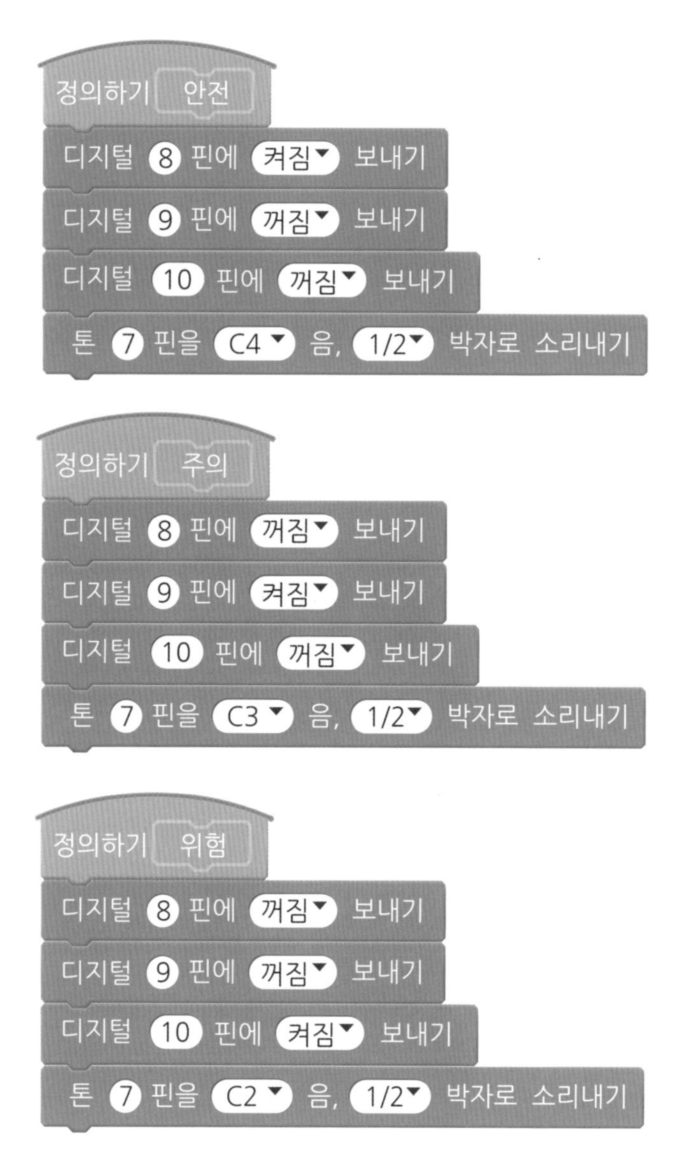

그림 1-29 톤 블록 추가하기

엘이디(LED)와 피에조 부저로 자신만의 멋진 경고 장치를 만들어 보세요.

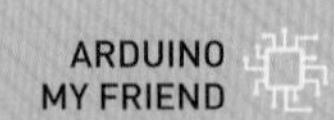

4 초음파 센서로 게임 만들기

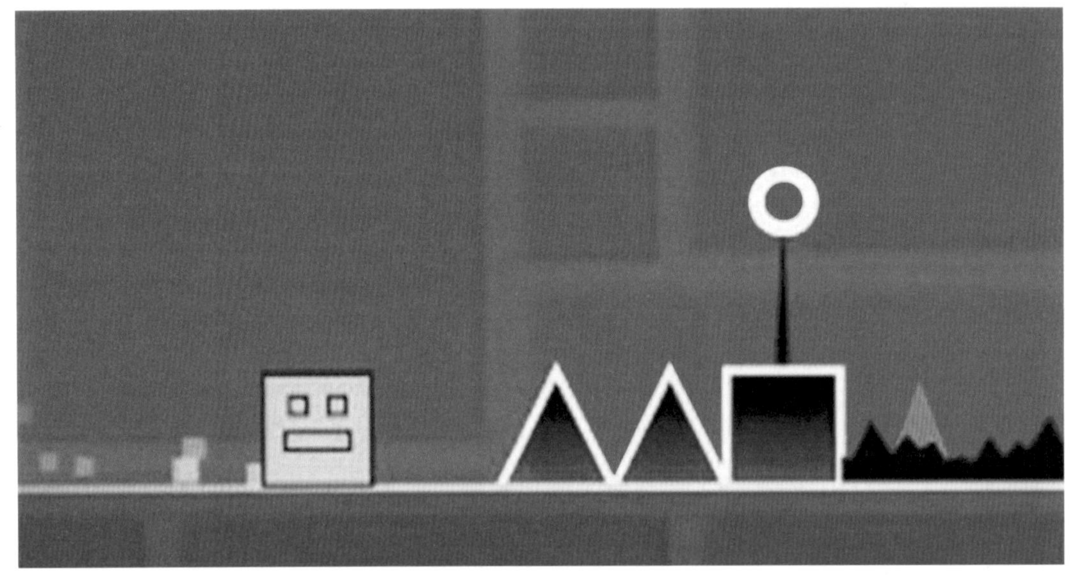

그림 1-30 지오메트리 대쉬 게임

초음파 센서를 이용하여 지오메트리 대쉬(Geometry Dash)와 같은 점프 게임을 만들어 보겠습니다.

게임의 규칙은 다음과 같습니다.

초음파 센서에 손을 가까이 대면 주인공이 점프를 한다.

장애물이 오른쪽에서 왼쪽으로 움직인다.

주인공이 장애물에 닿으면 게임이 끝난다.

여기에서 코딩의 중요한 원칙을 다시 한 번 정리해봅시다.

한 번에 한 가지 문제만 생각한다.

두 가지를 동시에 생각하려면 문제가 복잡해 보이고, 머리도 아픕니다. 한 번에 한 가지 문제만 생각해서 문제를 해결하는 것이 매우 중요합니다.

우선 주인공이 점프를 하는 것부터 코딩을 해보겠습니다.
먼저 곰돌이 스프라이트를 지워줍니다. 곰돌이에 마우스를 갖다 대고 오른쪽 클릭하면 여러 가지 메뉴가 나옵니다. 여기서 삭제를 클릭합니다.

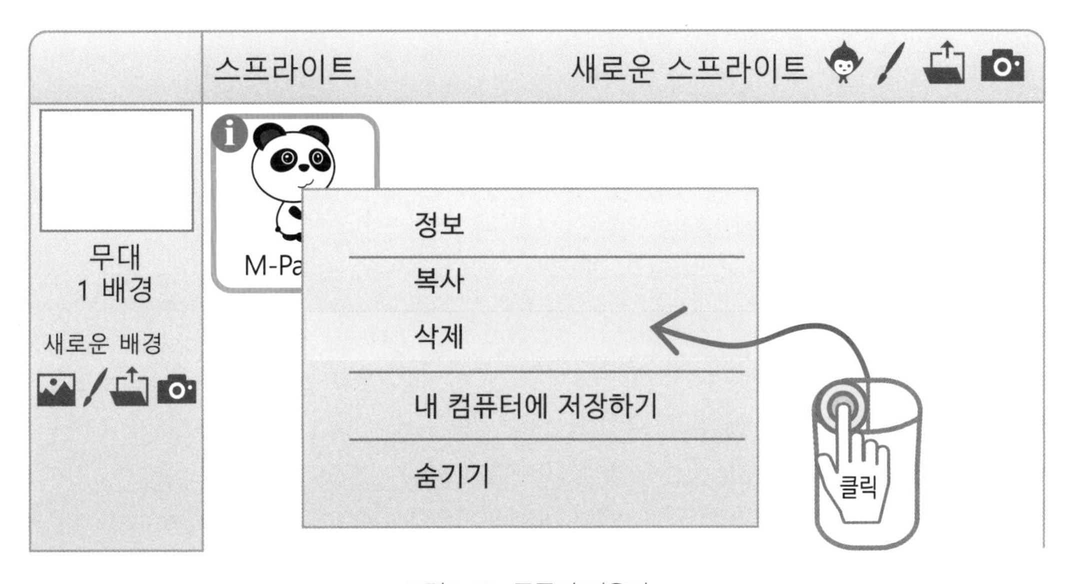

그림 1-31 곰돌이 지우기

그리고 붓 모양의 아이콘을 클릭합니다. 붓 모양의 아이콘에 마우스를 가까이 대면 〈새 스프라이트 색칠〉이라는 글자가 뜹니다.

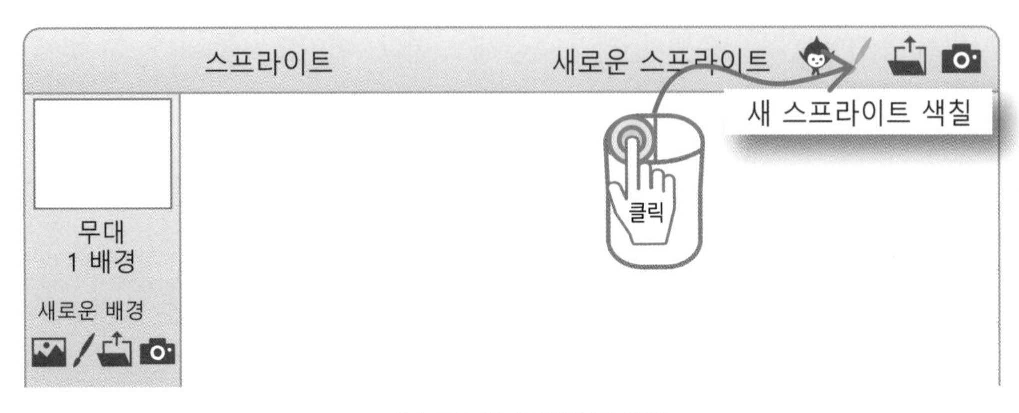

그림 1-32 새 스프라이트 색칠

그러면 그림 1-33처럼 오른쪽에 그림판 같은 화면이 나옵니다.

여기에 직접 그림을 그려서 스프라이트로 사용할 수 있습니다.

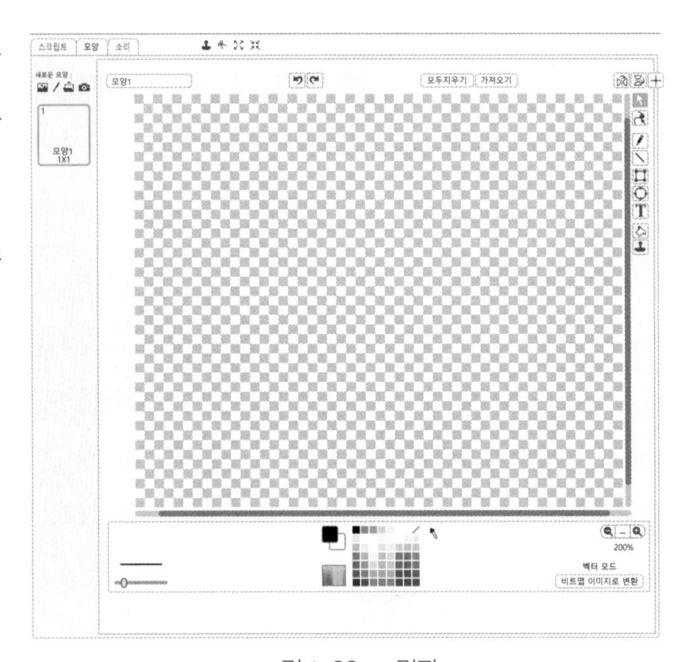

그림 1-33 그림판

그림판의 아래 오른쪽을 보면 벡터 모드와 비트맵 모드가 있습니다.

벡터 모드는 그림을 수학 공식을 이용해서 그리는 것입니다. 벡터 모드에서는 그림을 크게 해도 원래 모습 그대로 보입니다.

비트맵 모드는 점을 찍어서 그림을 표현하는 것입니다. 따라서 그림을 크게 하면 그림이 깨져서 이상하게 보일 수 있습니다.

우리는 벡터 모드를 사용하겠습니다.

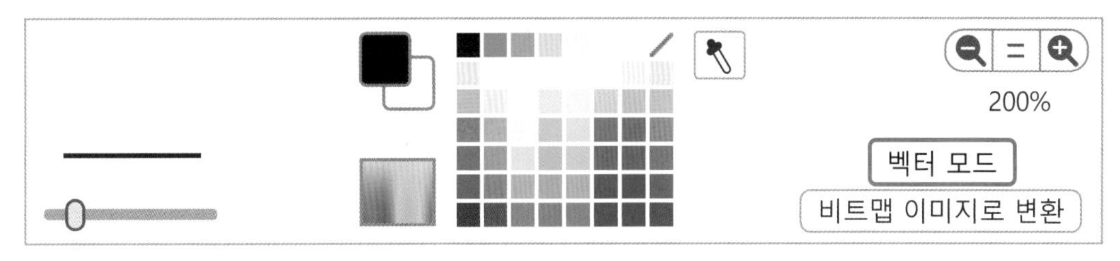

그림 1-34 벡터 모드

그림판의 오른쪽을 보면 여러 가지 메뉴가 보입니다. 여기에서 사각형 메뉴를 클릭합니다.

그림 1-35 사각형 그리기

원하는 색깔을 아래에서 고르고 사각형을 그립니다.

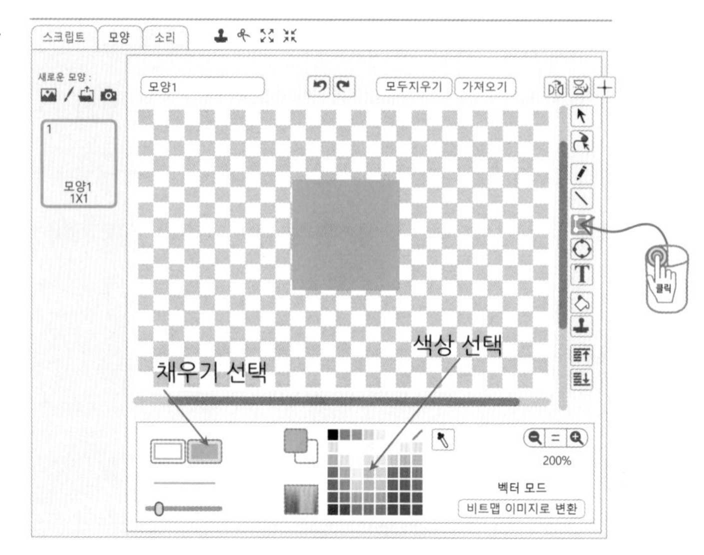

그림 1-36 사각형 색칠하기

Shift 키를 누르면서 그리면 정사각형을 쉽게 그릴 수 있습니다.
노란색 정사각형으로 눈 한쪽을 그려줍니다.

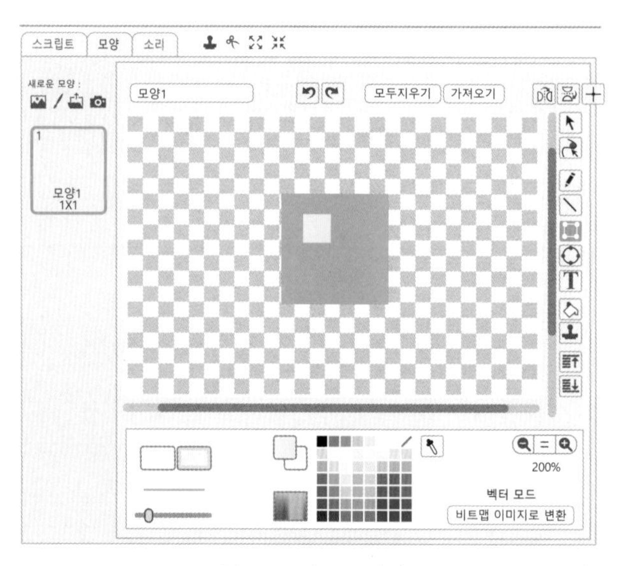

그림 1-37 눈 그리기

여러분, 복사 – 붙여넣기 기능 아시죠?

노란색 정사각형을 선택하고 Ctrl 키와 C 키를 동시에 누르면 복사가 됩니다.

그리고 Ctrl 키와 V 키를 동시에 누르면 붙여넣기 됩니다.

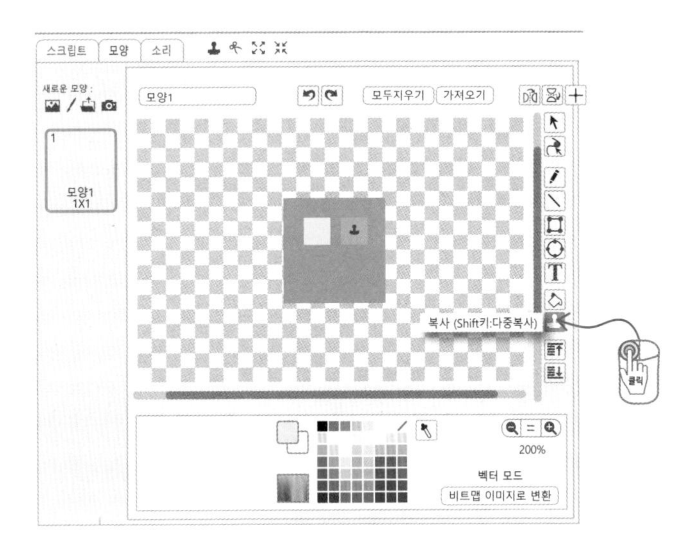

그림 1–38 복사하기

이렇게 사람 얼굴처럼 그려주고 마우스 왼쪽 버튼을 누른 채로 움직여서 그림 전체를 선택합니다.

그리고 그림과 같이 그룹화 적용을 클릭합니다. 그룹화 적용을 하면 그렸던 그림이 하나로 합쳐집니다.

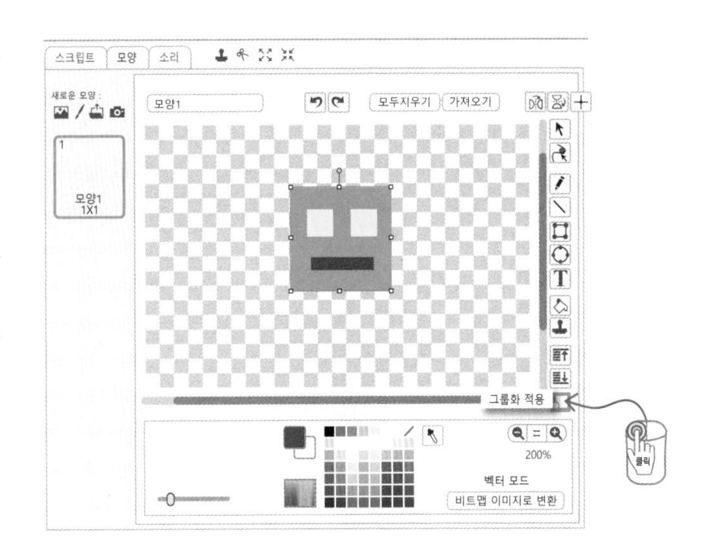

그림 1–39 입 그리기

십자가 모양의 아이콘을 클릭하면 〈모양 중심 설정하기〉란 글자나 나옵니다. 이것은 그림의 중심을 정해주는 것입니다. 그림의 x좌표, y좌표 값을 바꿔주면 이 중심점이 이동하는 것입니다.
그림과 같이 중심점이 그림 가운데에 오게 합니다.

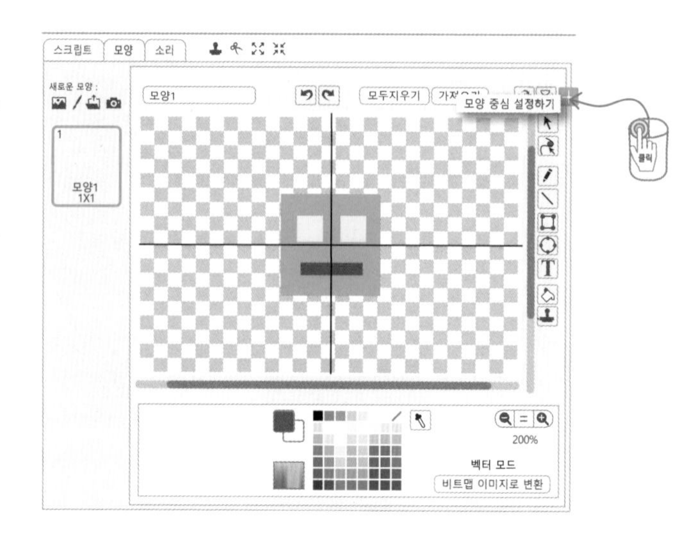

그림 1-40 중심점 맞추기

그린 스프라이트에 마우스 오른쪽 버튼을 클릭하고 정보를 선택합니다.

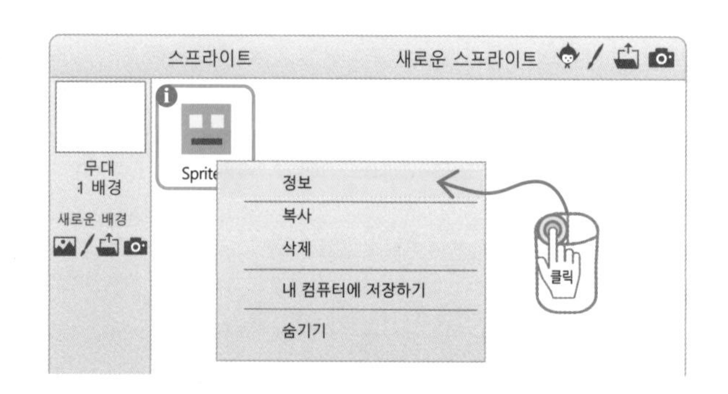

그림 1-41 정보 선택하기

그림과 같이 이름을 바꿔줍니다. 스프라이트에 이름을 잘 지어주면 나중에 코딩할 때 매우 편합니다.

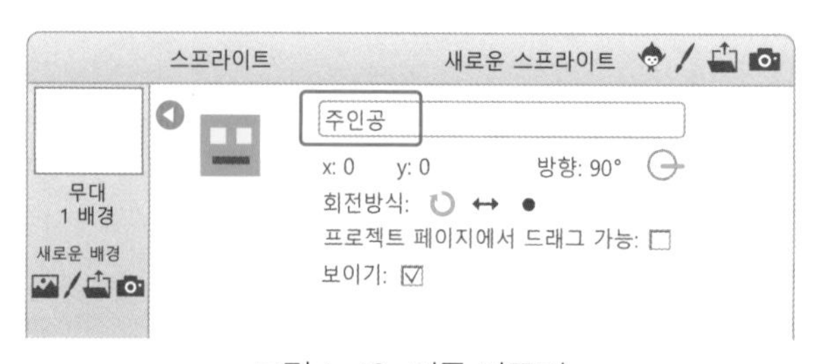

그림 1-42 이름 바꾸기

다시 새 스프라이트를 그려줍니다. 그림1-43과 같이 파란색 선을 그려줍니다.

이 파란색 선은 땅과 같은 역할을 합니다. 주인공이 점프를 하면 올라가고 다시 땅으로 내려갑니다.

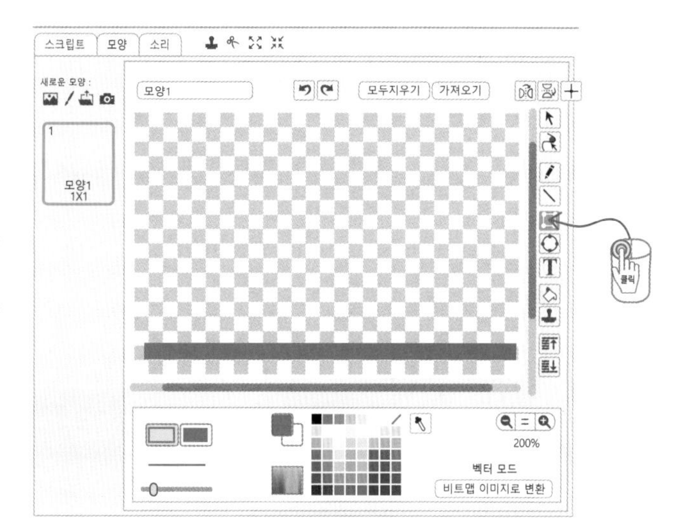

그림 1-43 땅 그리기

책에 나온 대로 잘 따라 하면 무대가 그림 1-42와 같이 보입니다.

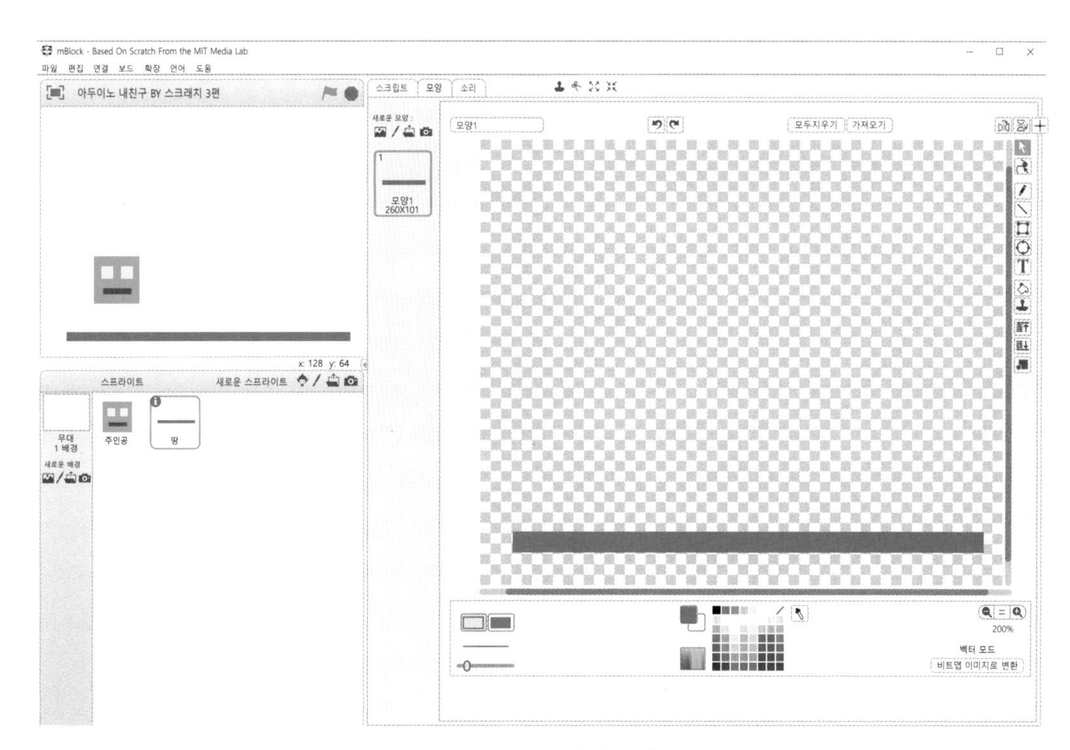

그림 1-44 주인공과 땅

이제 초음파 센서를 이용하여 주인공이 점프를 하게 코딩을 하겠습니다.

먼저 주인공 스프라이트에 코딩을 하겠습니다. [거리] 변수를 만들고, 초음파 센서에서 읽은 값을 저장합니다. 그리고 아주 조금 기다립니다.

그림 1-45 초음파 센서로 거리 변수 값 정하기

주인공 스프라이트가 땅으로 떨어지게 하겠습니다.

오른쪽으로 보고 땅에 닿을 때까지 y좌표를 −1만큼 바꿉니다.

그러면 주인공이 점점 아래로 떨어집니다.

그림 1-46 주인공 떨어지기

초음파 센서에 손을 가까이하면 점프를 할 수 있도록 그림 1-47과 같이 코딩을 합니다.
만약 거리 변수 값이 20보다 작으면 y좌표가 50만큼 커져서 주인공이 위로 올라갑니다. 즉, 점프를 하는 거죠.

```
클릭했을 때
90▼ 도 방향 보기
무한 반복하기
    만약 < 거리 < 20 > 라면
        y좌표를 50 만큼 바꾸기
    < 땅▼ 에 닿았는가? > 까지 반복하기
        y좌표를 -1 만큼 바꾸기
```

그림 1-47 점프하기와 떨어지기

그런데 점프하는 모습이 자연스럽지 않습니다. 어떻게 하면 될까요? 처음 점프할 때는 많이 올라가지만 나중에 적게 올라가다가 멈춥니다. 그리고 다시 아래로 빠르게 떨어지면 됩니다.
어때요? 참 쉽죠?

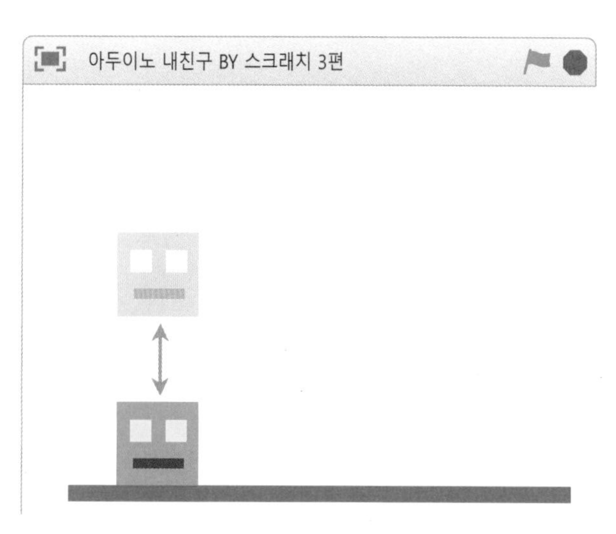

그림 1-48 점프하고 떨어지는 모습

[점프], [중력] 변수를 만듭니다.

점프를 하면 12만큼 위로 올라갑니다. 점프에 중력 값을 더해줍니다.

중력 변수 값이 -1이니 그 다음에는 11, 그 다음에는 10 이렇게 올라가다가 0이 되면 더 이상 올라가지 않습니다.

그리고 주인공이 땅에 닿을 때까지 점프 변수 값이 -1, -2, -3 이렇게 작아지니 점점 아래로 빠르게 떨어집니다.

〈바꾸기〉 대신에 〈정하기〉 명령어를 사용하면 안 됩니다. 많이 하는 실수이니 잘 보고 명령어를 사용하기 바랍니다.

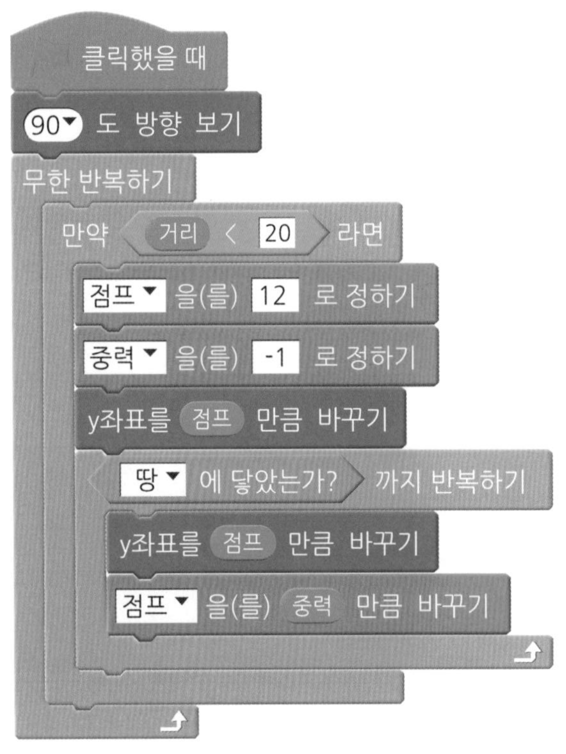

그림 1-49 점프와 중력 변수 이용하기

그런데 점프 변수 값이 너무 작아지면 땅을 뚫고 내려가는 경우가 있습니다.

그래서 점프 변수 값이 −12보다 작지 않도록 그림 1−50과 같이 코딩을 합니다.

```
클릭했을 때
90▼ 도 방향 보기
무한 반복하기
    만약 < 거리 < 20 > 라면
        점프▼ 을(를) 12 로 정하기
        중력▼ 을(를) -1 로 정하기
        y좌표를 점프 만큼 바꾸기
        < 땅▼ 에 닿았는가? > 까지 반복하기
            y좌표를 점프 만큼 바꾸기
            점프▼ 을(를) 중력 만큼 바꾸기
            만약 < 점프 < -12 > 라면
                점프▼ 을(를) -12 로 정하기
```

그림 1−50 점프 변수 값 범위 정하기

그런데 이렇게 코딩하면 게임을 시작할 때 주인공이 땅으로 떨어지지 않습니다. 땅에 닿지 않으면 그림 1-51과 같이 y값을 -10만큼 바꿔서 아래로 떨어지게 합니다.

그림 1-51 땅에 닿지 않을 때 떨어지게 하기

이렇게 코딩이 너무 길면 관계있는 명령어끼리 모아서 함수로 만드는 것이 좋습니다. 코딩한 것이 한눈에 잘 들어오죠?

점프와 관계있는 명령어끼리 모아서 〈점프하기〉 함수를 만듭니다.

```
정의하기 점프하기
만약 <거리 < 20> 라면
    점프 ▼ 을(를) 12 로 정하기
    중력 ▼ 을(를) -1 로 정하기
    y좌표를 점프 만큼 바꾸기
    <땅 ▼ 에 닿았는가?> 까지 반복하기
        y좌표를 점프 만큼 바꾸기
        점프 ▼ 을(를) 중력 만큼 바꾸기
        만약 <점프 < -12> 라면
            점프 ▼ 을(를) -12 로 정하기
```

그림 1-52 함수로 코딩하기

그리고 점프를 하면 90도씩 시계방향으로 회전하게 만들어 보겠습니다.

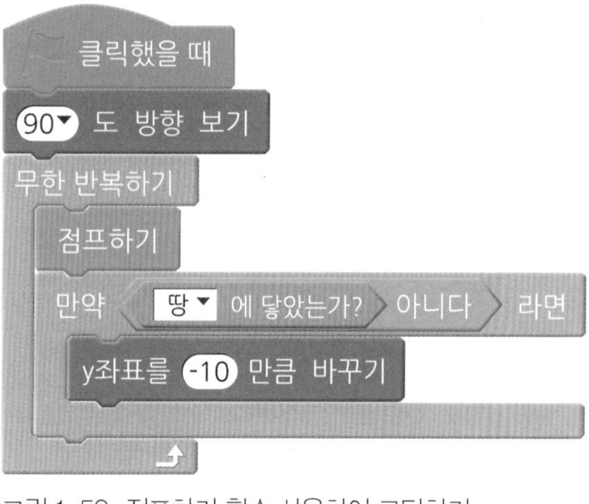

```
클릭했을 때
90▼ 도 방향 보기
무한 반복하기
    점프하기
    만약 <<땅 ▼ 에 닿았는가?> 아니다> 라면
        y좌표를 -10 만큼 바꾸기
```

그림 1-53 점프하기 함수 사용하여 코딩하기

거리 변수 값이 20보다 작으면 점프를 하는 거죠?
점프를 하는 것과 회전하는 것을 따로 코딩을 하면, 거리 변수가 값이 20보다 작을 때 돌면서 점프를 합니다.

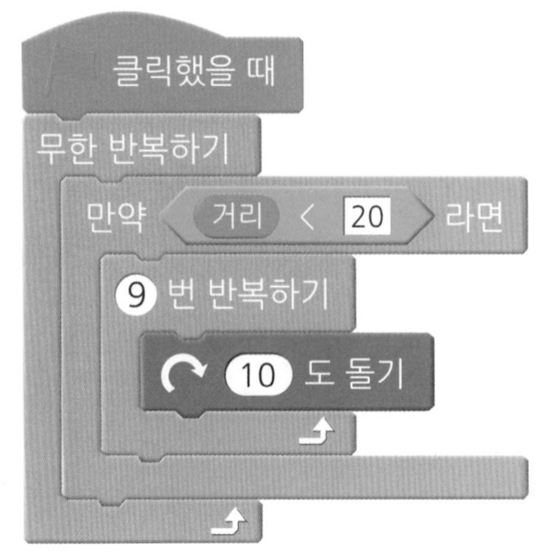

그림 1-54 회전하기

이제 주인공이 움직이는 것처럼 보이도록 코딩을 하겠습니다.
어떻게 하면 될까요? 주인공은 가만히 있지만 배경이 움직이면 주인공이 움직이는 것처럼 보입니다.
도깨비 모양의 아이콘을 클릭하면 스프라이트 라이브러리가 열립니다. 여기에는 사용할 수 있는 여러 가지 스프라이트가 있습니다. 〈그림 1-55〉

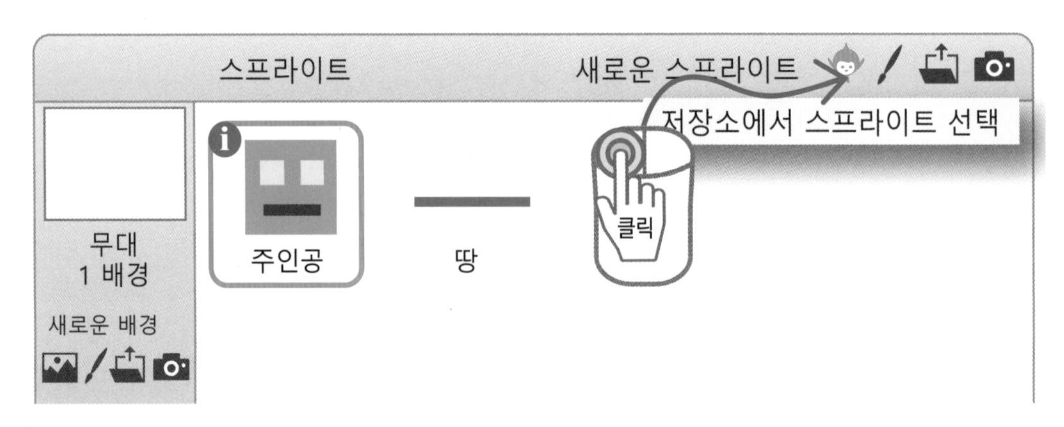

그림 1-55 저장소에서 스프라이트 선택

그림 1-56과 같이 나무를 하나 가져와 야자수라고 이름을 짓습니다.

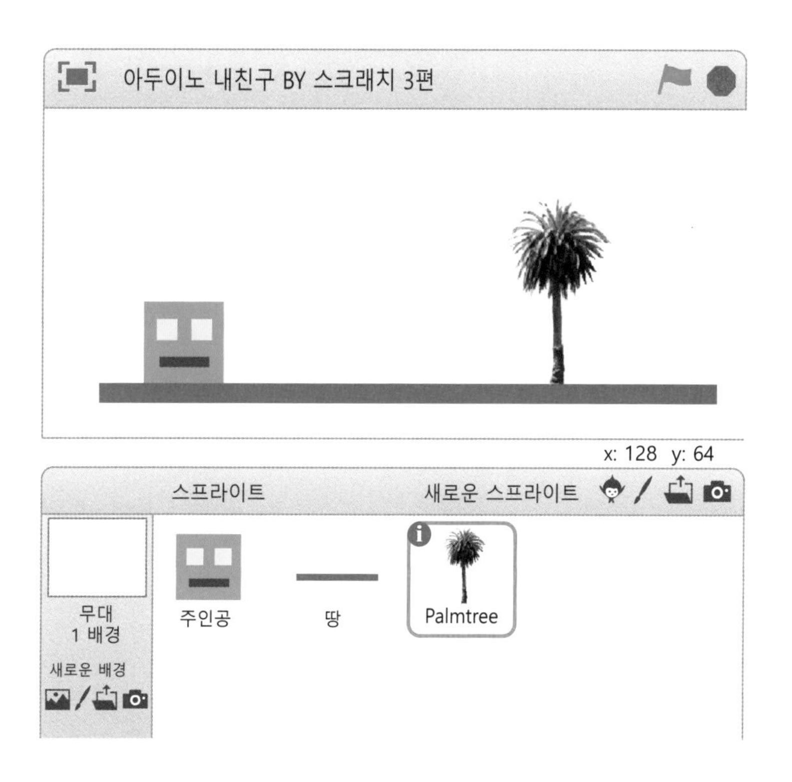

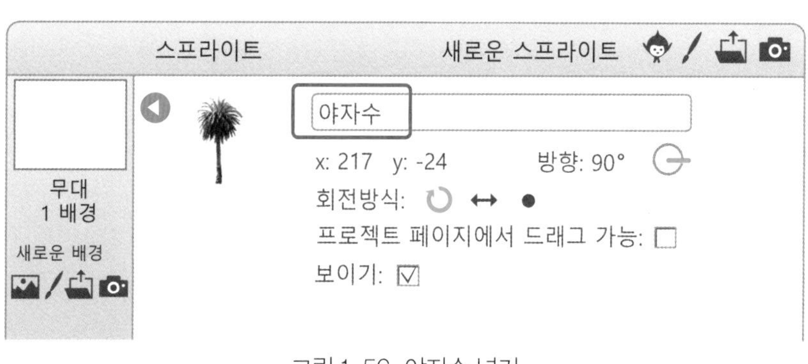

그림 1-56 야자수 넣기

이 야자수가 오른쪽에서 왼쪽으로 계속 움직이면 주인공이 마치 앞으로 움직이는 것처럼 보입니다.

야자수의 x좌표를 -5만큼 바꿔서 오른쪽에서 왼쪽으로 움직이게 합니다. 그러다가 x좌표가 -240보다 작으면 다시 원래 위치로 이동하게 합니다. 스크래치의 무대는 가운데를 중심으로 왼쪽으로 240, 오른쪽으로 240만큼 움직일 수 있습니다. 즉 -240부터 240까지 움직일 수 있는 거죠.

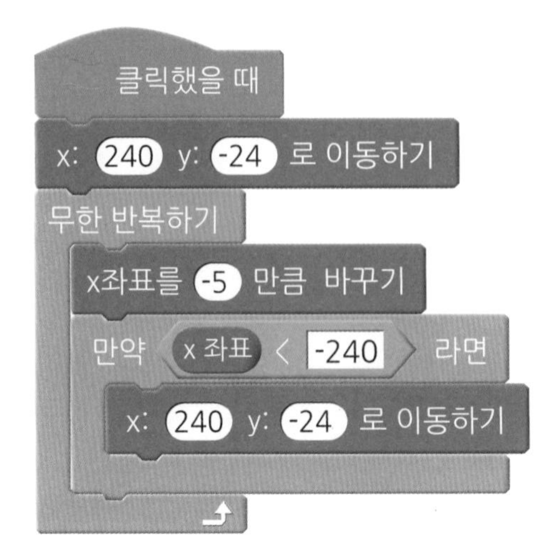

그림 1-57 왼쪽으로 계속 이동

그런데 게임을 테스트하면 야자수가 주인공 앞으로 지나가는 것을 볼 수 있습니다.

그림 1-58 앞에 있는 야자수

어떻게 하면 될까요? 주인공을 맨 앞으로 나오게 하면 됩니다.
색종이가 여러 개 있는 것을 한 번 상상해봅시다. 맨 앞에 있는 색종이가 먼저 보이겠죠?

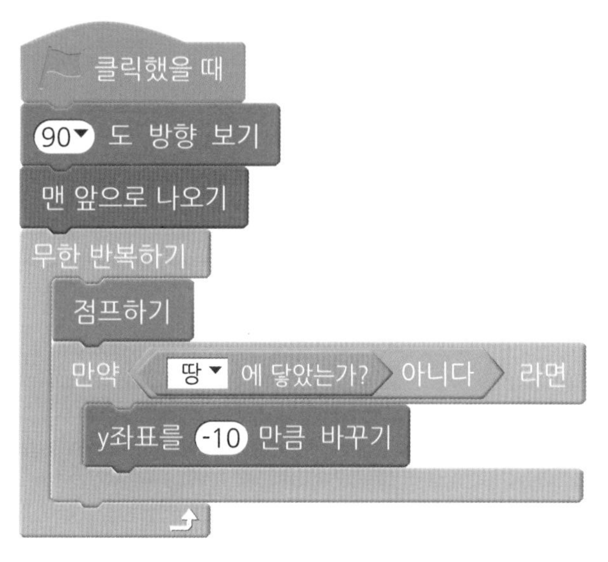

그림 1-59 맨 앞으로 나오기

그리고 야자수는 뒤로 보내면 되겠죠?
50번째 정도로 뒤로 가게 하면 됩니다.

그림 1-60 야자수 뒤로 보내기

이제 장애물을 만들어 봅시다.

그림 1-61과 같이 사각형을 그리고 오른쪽 메뉴에서 형태고치기를 클릭합니다. 그러면 그림 1-62와 같이 모서리에 점이 생깁니다. 이 점을 옮기면 모양이 바뀝니다.

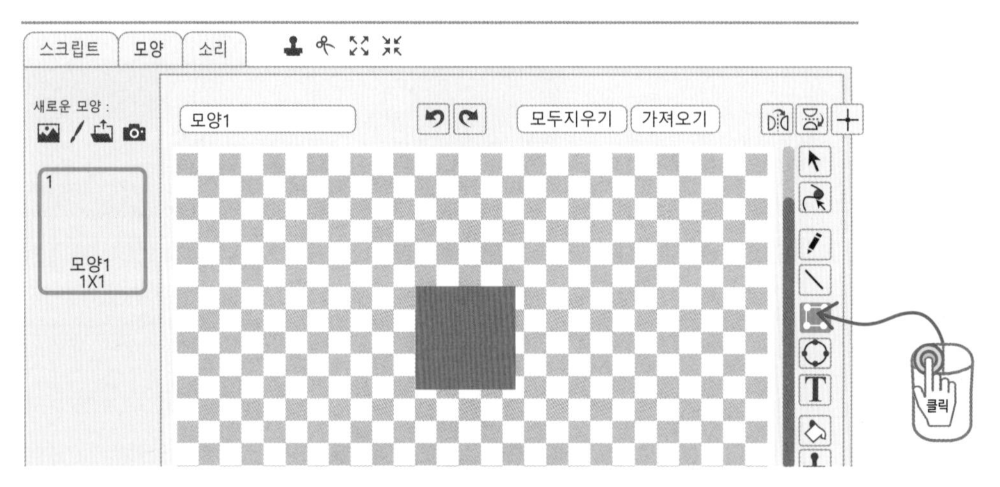

그림 1-61 장애물 그리기

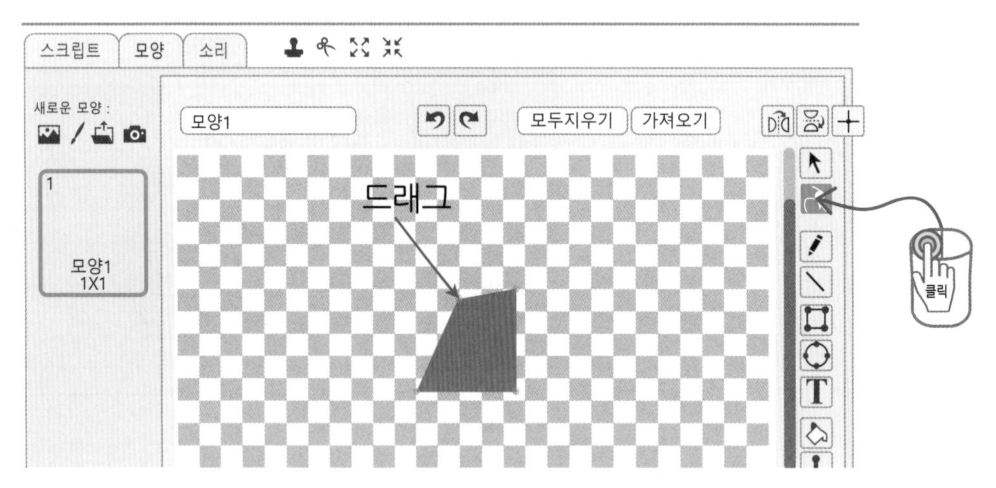

그림 1-62 장애물 모양 바꾸기

그리고 중심점을 그림과 같이 옮깁니다.

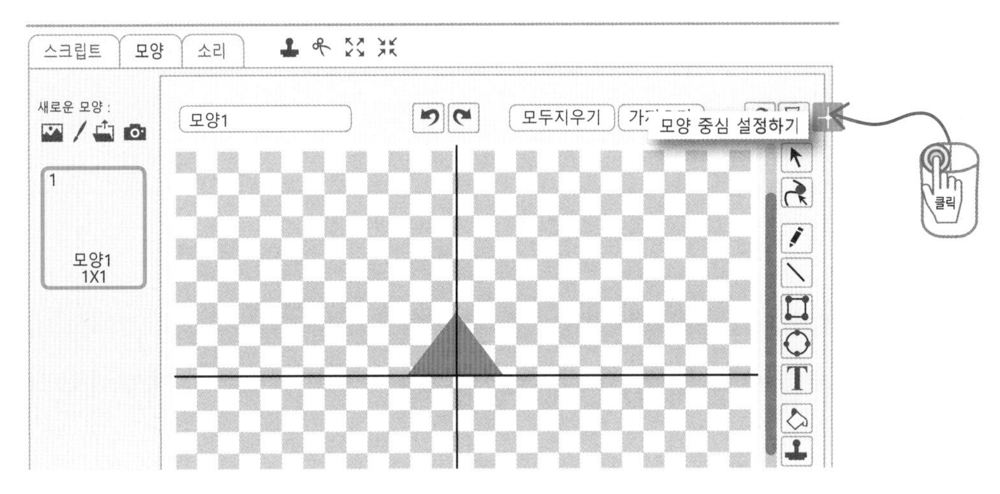

그림 1-63 중심점 맞추기

이 장애물이 야자수보다 빠른 속도로 움직이도록 만들겠습니다. x좌표를 −10만큼 바꾸면 장애물은 야자수보다 더 빨리 움직이게 됩니다.

그림 1-64 왼쪽으로 이동하기

그리고 주인공이 장애물에 닿으면 GAME OVER라는 글씨가 나오게 하겠습니다. 글씨도 스프라이트입니다. 붓 아이콘을 클릭하고, 오른쪽의 T 아이콘을 선택하면 글씨를 쓸 수 있습니다.

그림 1-65와 같이 GAME OVER라고 글씨를 쓰고 중심점을 잘 맞춥니다.

그리고 〈게임끝〉이라고 이름을 짓습니다.

그림 1-65 GAME OVER

무대는 이렇게 보이게 됩니다.

그림 1-66 GAME OVER 보이기

어떻게 하면 주인공이 장애물에 닿았을 때 GAME OVER 글씨가 나올 수 있을까요? 여러 가지 방법이 있지만 〈방송하기〉 명령어를 사용하면 쉽게 코딩할 수 있습니다.

〈방송하기〉는 신호와 같습니다. 예를 들면 축구 경기에서 심판이 호루라기를 불면 선수들이 축구경기를 하는 것과 같습니다.

심판이 호루라기로 경기 시작이라고 신호를 보낸다.(방송하기)

선수들이 신호를 받으면(방송을 받으면) 축구 경기를 시작한다.

우선 새 메시지를 만듭니다.

삼각형 버튼을 누르고 새 메시지를 고릅니다.

메시지 이름은 〈장애물에 닿았다〉라고 쓰고 확인 버튼을 누릅니다.

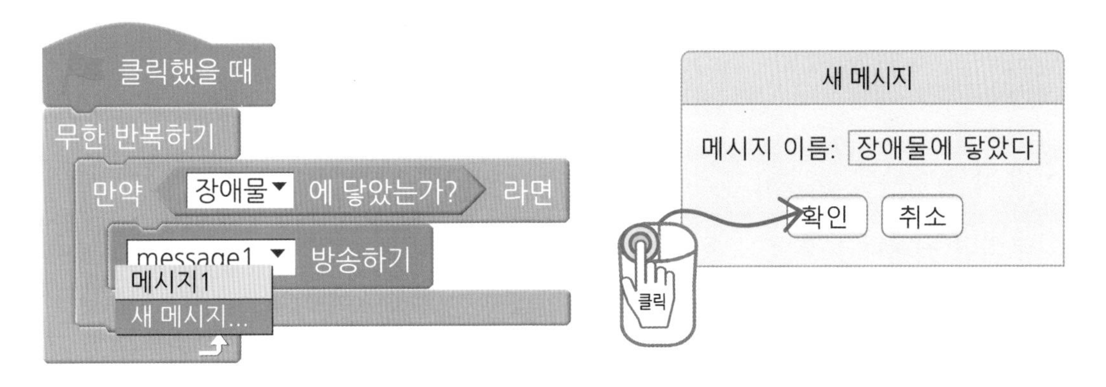

그림 1-67 새 메시지 방송하기

그리고 주인공에 그림1-68과 같이 코딩을 합니다.

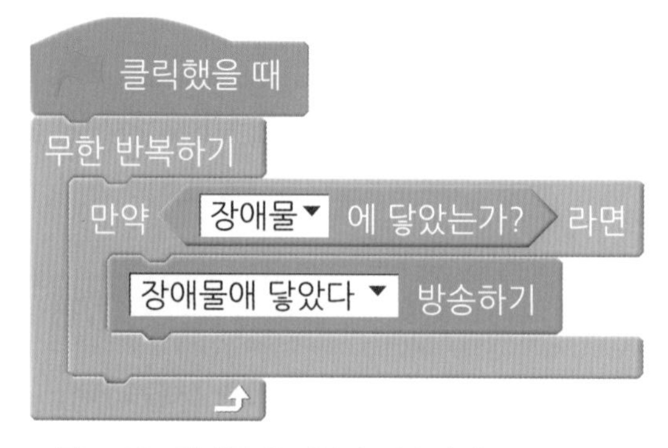

그림 1-68 장애물에 닿았다 방송하기

〈게임끝〉 스프라이트는 그림1-69처럼 시작할 때는 보이지 않지만 방송을 받으면 보이게 합니다.

그러나 주인공이 장애물에 닿아도 GAME OVER 글씨가 보이지 않습니다.

장애물에 닿았다 을(를) 받았을 때
x: 0 y: 0 로 이동하기
보이기

그림 1-69 방송을 받을 때 보이기

이럴 때는 방송을 보내고 몇 초 정도 기다리면 됩니다.

〈기다리기〉 명령어가 없으면 주인공은 장애물에 닿을 때 엄청나게 빠른 속도로 같은 방송을 보냅니다.(신호를 계속 보낸다.) 그러면 프로그램이 잘 작동하지 않는 경우가 있습니다.

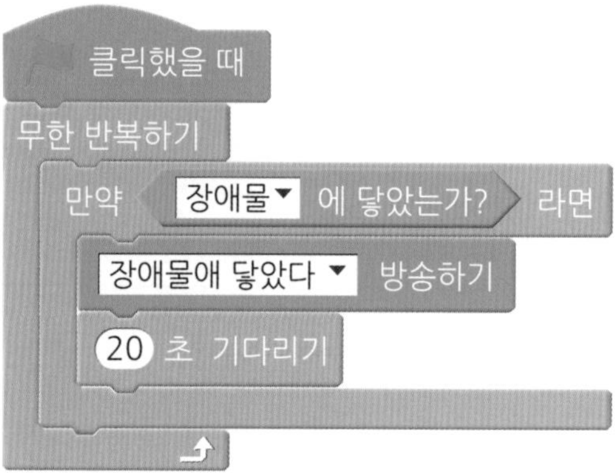

클릭했을 때
무한 반복하기
만약 장애물 에 닿았는가? 라면
장애물애 닿았다 방송하기
20 초 기다리기

그림 1-70 방송하고 기다리기

〈방송하기〉 명령어를 사용할 때 잘 안 되는 경우 이렇게 몇 초 정도 기다리면 쉽게 문제를 해결할 수 있습니다.

어때요? 참 쉽죠?

야자수, 장애물도 〈장애물에 닿았다〉 방송을 받으면 멈춰서 가만히 있도록 코딩을 하겠습니다.

그림 1-71 스프라이트에 있는 다른 스크립트 멈추기

〈스프라이트에 있는 다른 스크립트 멈추기〉를 하면 전에 스프라이트에 코딩을 했던 명령어를 더 이상 하지 않습니다. 어때요? 참 쉽죠?

그리고 이 명령어를 마우스 왼쪽 버튼으로 클릭한 채로 움직여서 스프라이트 창에 있는 다른 스프라이트 쪽에 놓으면 명령어가 복사가 됩니다. 많이 쓰이는 방법이니 열심히 연습하기 바랍니다.

〈게임끝〉 스프라이트가 야자수 뒤로 가서 글씨가 가려졌습니다. 〈게임끝〉이 방송을 받으면 맨 앞으로 오면 되겠죠?

그림 1-72 가려진 글씨

방송을 받으면 맨 앞으로 나오고 크기가 커졌다가 작아졌다가 합니다. 어때요? 참 쉽죠?

초음파 센서를 이용해서 간단한 점프 게임을 만들어 보았습니다. 그럼 이 게임을 더욱 재미있게 만들 수는 있을까요?

여러분만의 멋진 아이디어를 생각해 봅시다.

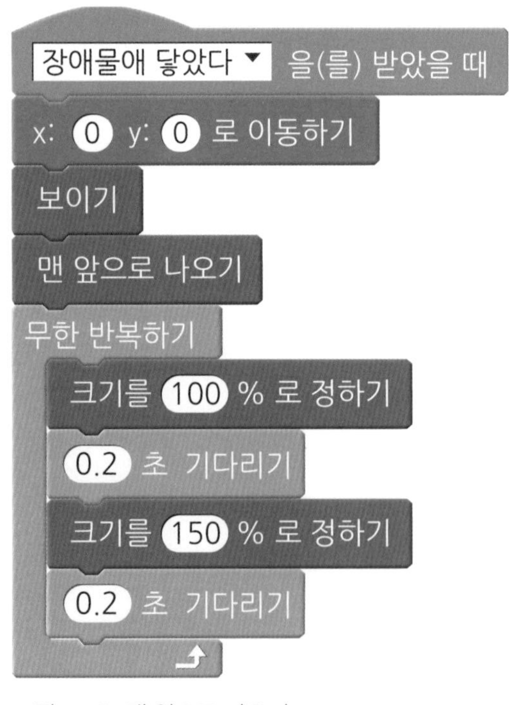

그림 1-73 맨 앞으로 나오기

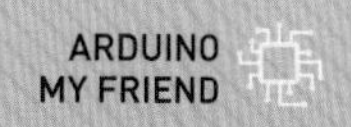

5 초음파 센서로 게임 만들기 2

장애물이 똑같이 나오니까 재미가 없습니다. 장애물이 예측하지 못하게 나오면 게임이 더욱 재미있을 것 같습니다.

장애물을 클릭하고 오른쪽 코딩을 바꿉니다.

〈복사하기〉와 〈난수〉를 이용하면 우리가 원하는 게임을 만들 수 있습니다.

그림 1-74 왼쪽으로 이동하기

게임의 아이디어는 다음과 같습니다.

1. 장애물 자신은 가만히 있고, 자신을 복제한 것이 움직이게 한다.
2. 예측하지 못하게 복제를 한다.
3. 장애물 자신은 보이지 않는다.
4. 복제한 장애물이 왼쪽으로 많이 이동하면 삭제한다.

먼저 장애물은 자신이 보이지 않게 합니다. [장애물 복사하기] 변수를 만들고 1에서 3사이의 값을 갖도록 합니다. 그리고 장애물 복사하기 변수의 값이 1이면 복제를 합니다.

```
클릭했을 때
숨기기
무한 반복하기
    장애물 복사하기 ▼ 을(를) (1) 부터 (3) 사이의 난수 로 정하기
    만약 < (장애물 복서하기) = 1 > 라면
        나 자신 ▼ 복제하기
```

그림 1-75 난수를 이용하여 복제하기

난수를 이용하면 게임을 하는 사람이 장애물이 복제되는 것을 예측하기 힘듭니다. 그러면 더욱 긴장을 하면서 게임을 하게 됩니다.

복제가 되고 복제한 장애물의 x좌표가 -240보다 작으면(너무 왼쪽으로 가면) 이 복제본을 삭제합니다.

```
복제되었을 때
보이기
x: (240) y: (-123) 로 이동하기
무한 반복하기
    x좌표를 (-10) 만큼 바꾸기
    만약 < (x 좌표) < -240 > 라면
        이 복제본 삭제하기
```

그림 1-76 복제된 장애물 이동하고 삭제하기

그런데!! 이렇게 코딩을 하면 너무 많은 장애물을 복제합니다.

어떻게 하면 좋을까요?

그림 1-77 너무 많은 장애물

방법은 아주 간단합니다. 〈1초 기다리기〉 명령어를 넣어서 기다리면 됩니다. 어때요? 참 쉽죠?

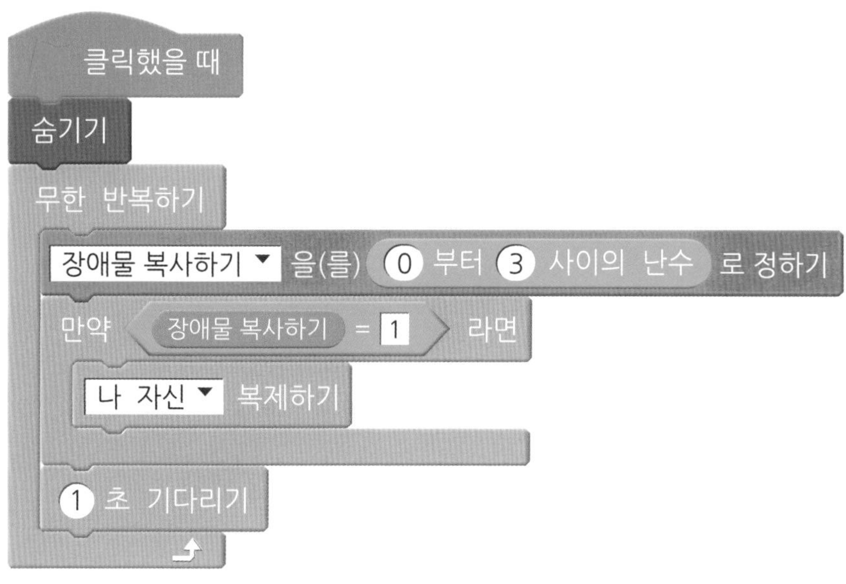

그림 1-78 1초 기다리기

게임 점수도 만들어 봅시다. 주인공이 오래 장애물을 피할수록 점수가 높아지게 게임을 만들겠습니다. 〈타이머〉를 이용하면 쉽게 점수를 만들 수 있습니다.

[점수] 변수를 만들어서 그림과 같이 코딩을 하면 됩니다.

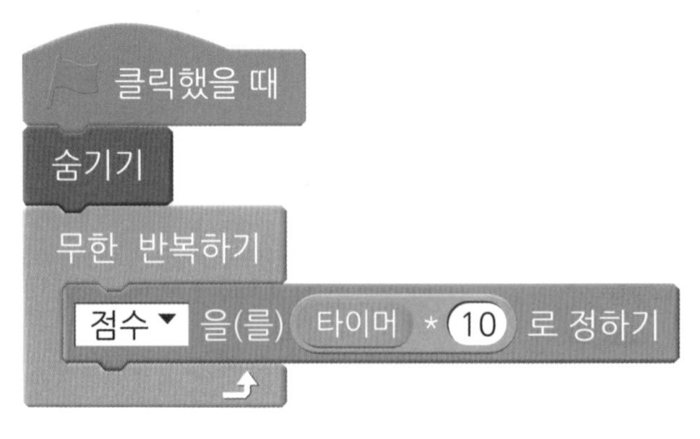

그림 1-79 타이머로 점수 만들기

그런데 소수점이 표시됩니다.

그림 1-80 소수점이 표시되는 점수

이럴 때는 〈반올림〉 명령어를 사용하면 소수점이 없어집니다.

어때요? 참 쉽죠?

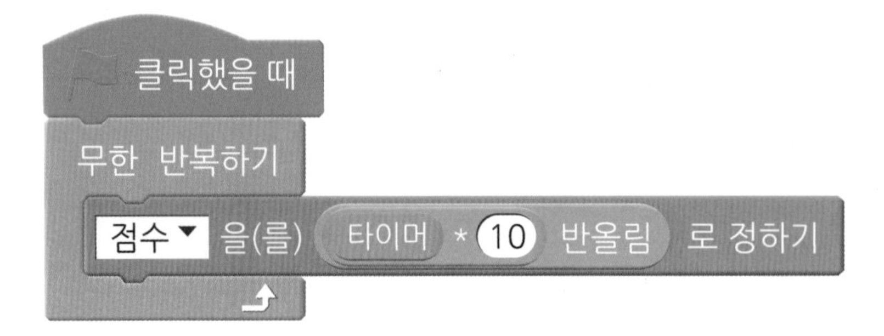

그림 1-81 반올림하기

그리고 주인공이 먹을 수 있는 아이템도 넣겠습니다.

스프라이트 라이브러리에서 별을 선택합니다.

이 별도 장애물과 마찬가지로 난수로 이용하여 복제를 하면 됩니다.

그리고 복제되었을 때 왼쪽으로 움직이는 겁니다.

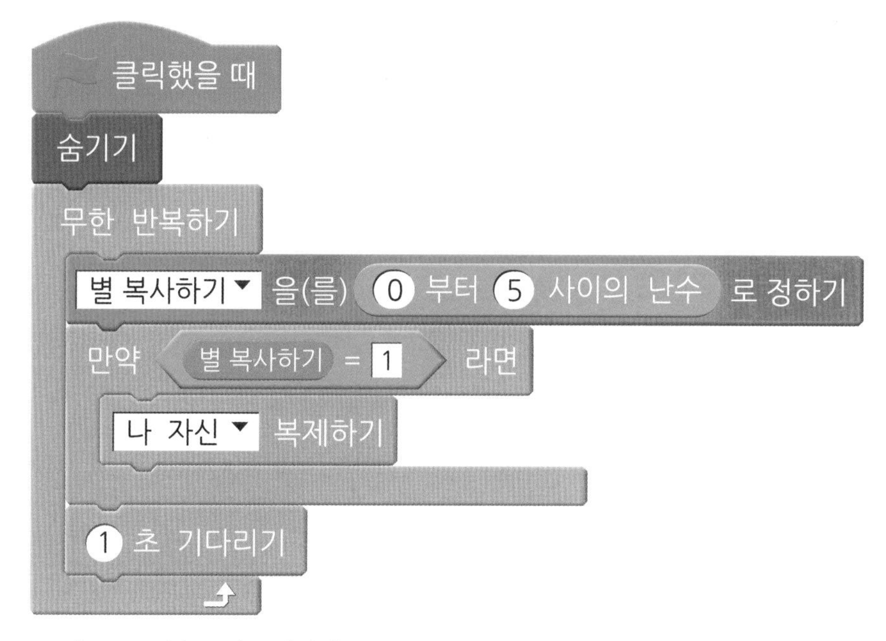

그림 1-82 난수로 별 복제하기

그런데 별의 y좌표를 난수로 정해주면 별이 나오는 높이가 달라집니다.

별 스프라이트를 마우스 오른쪽 클릭을 하여 정보를 확인하고 적당한 y좌표의 범위를 정합니다. 그리고 범위를 난수로 만들면 됩니다.

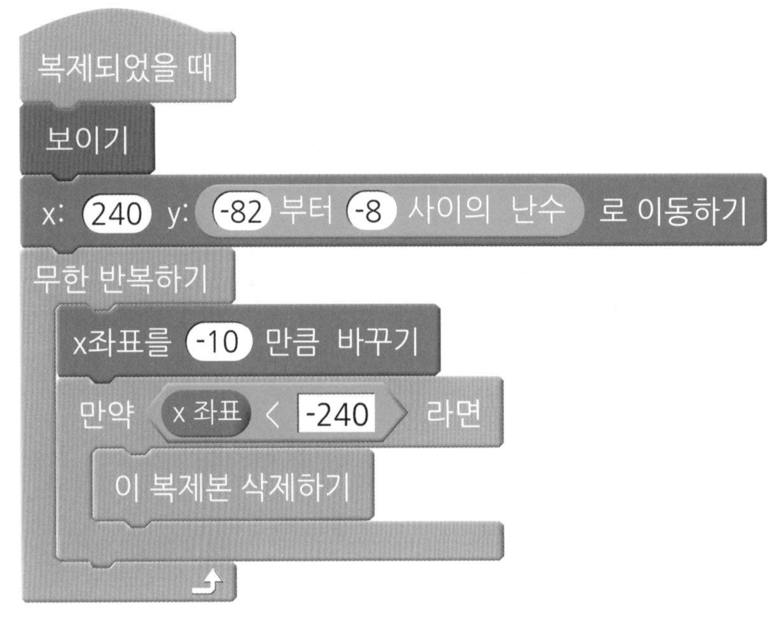

그림 1-83 y값을 난수로 만들기

그리고 별이 주인공에 닿았을 때 소리를 내고 이 복제본을 삭제하겠습니다.

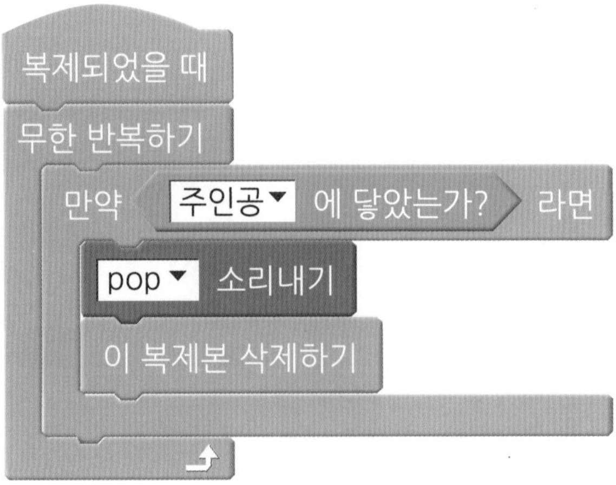

복제되었을 때
무한 반복하기
만약 주인공▾ 에 닿았는가? 라면
pop▾ 소리내기
이 복제본 삭제하기

그림 1-84 소리내기

그리고 먹은 별의 수를 에너지 막대로 나타내면 더욱 보기 좋을 것 같습니다. [먹은 별의 수] 변수를 만듭니다.

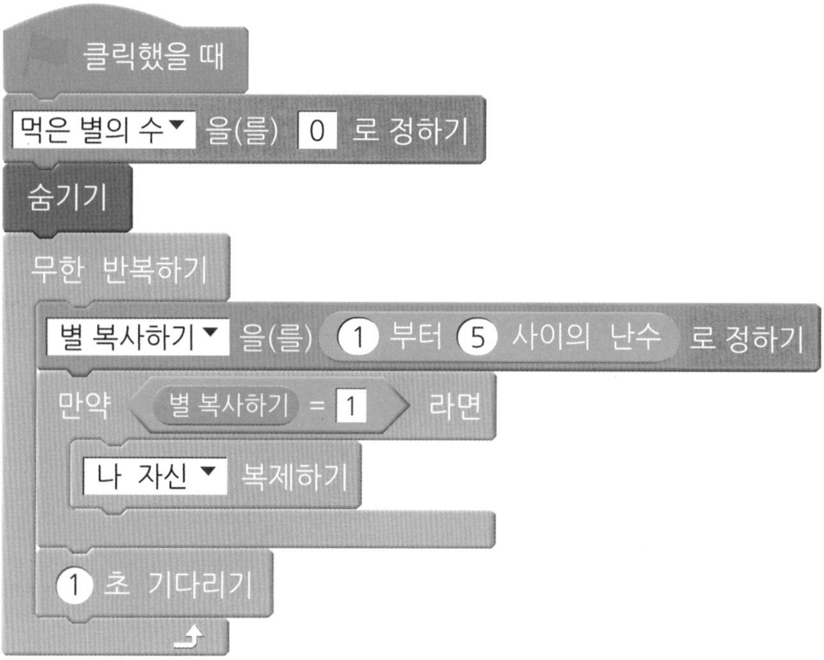

```
클릭했을 때
먹은 별의 수▼ 을(를) 0 로 정하기
숨기기
무한 반복하기
    별 복사하기▼ 을(를) 1 부터 5 사이의 난수 로 정하기
    만약 < 별 복사하기 = 1 > 라면
        나 자신▼ 복제하기
    1 초 기다리기
```

그림 1-85 먹은 별의 수 변수 만들기

별이 주인공에 닿으면 먹은 별의 수 변수 값을 1씩 올려줍니다.

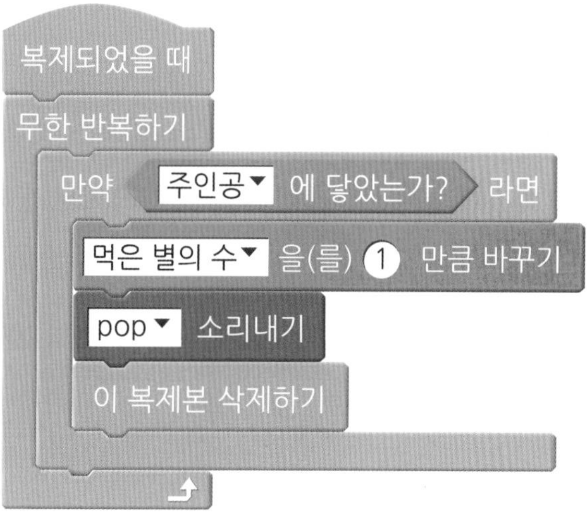

```
복제되었을 때
무한 반복하기
    만약 < 주인공▼ 에 닿았는가? > 라면
        먹은 별의 수▼ 을(를) 1 만큼 바꾸기
        pop▼ 소리내기
        이 복제본 삭제하기
```

그림 1-86 주인공에 닿았을 때

어떻게 하면 에너지를 표시할 수 있을까요? 바로 〈펜블록〉 명령어를 이용하면 됩니다. 우선 에너지 막대를 표시할 스프라이트를 새로 그려줍니다.

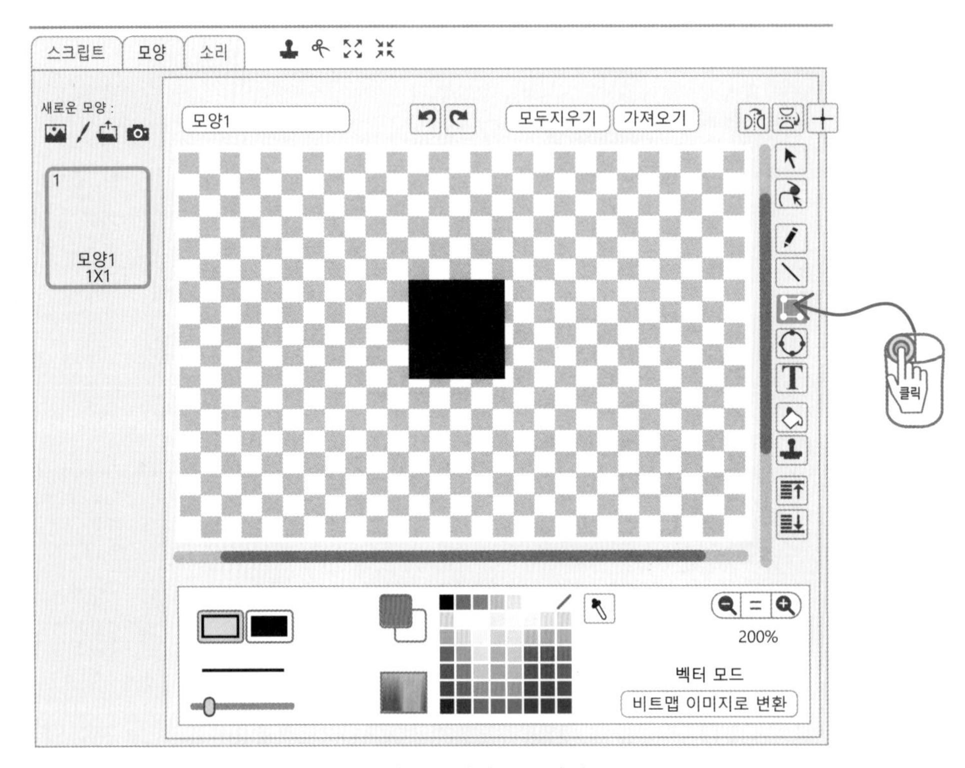

그림 1-87 새 스프라이트 그리기

빨간색 빗금표시는 아무 색깔도 없다는 뜻입니다. 빨간색 빗금을 선택하고 사각형을 색칠합니다. 이렇게 하면 스프라이트가 안 보이게 됩니다. 그리고 〈에너지〉라고 이름을 짓습니다.

이 스프라이트가 움직이면서 그림을 그리고 에너지를 표시하는 거죠.

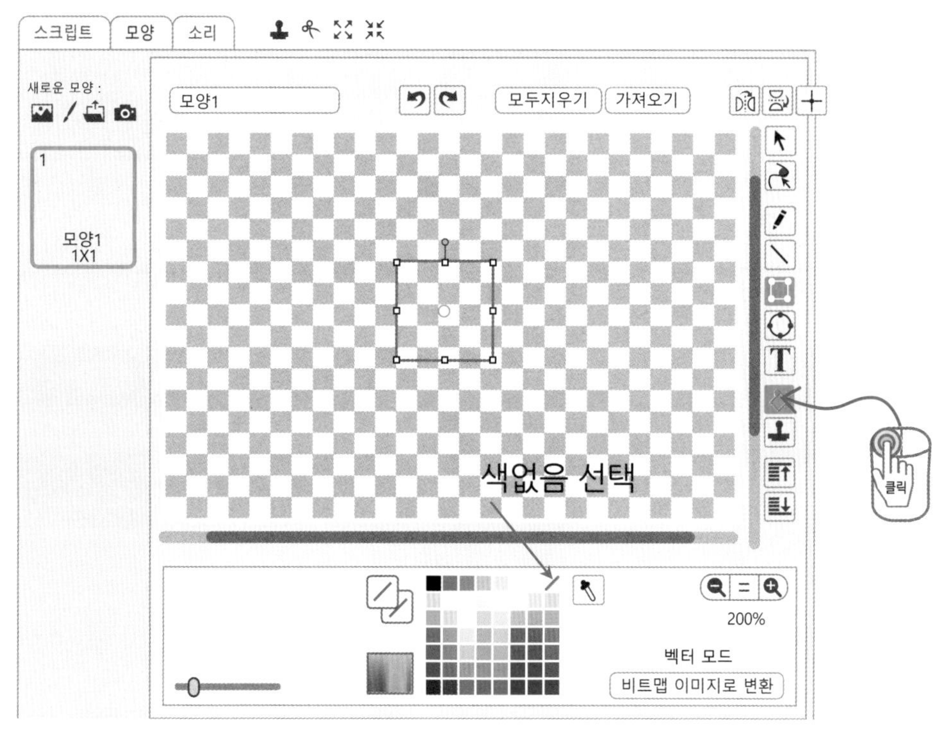

그림 1-88 아무것도 안 보이게 색칠하기

우선 펜으로 그린 것을 지웁니다.

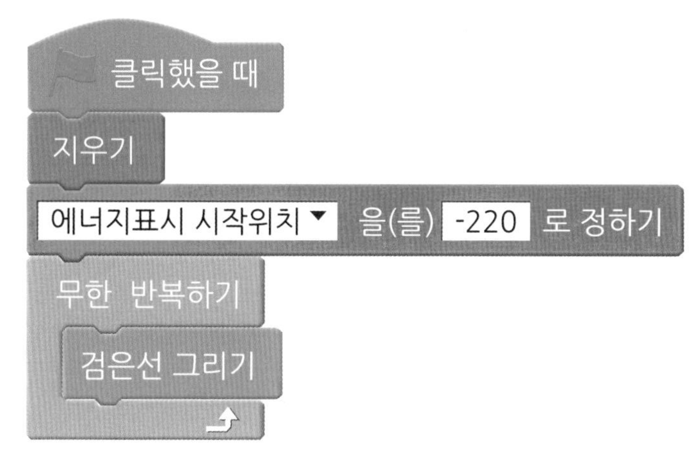

그림 1-89 에너지표시 시작위치 정하기

다음에 [에너지표시 시작위치] 변수와 〈검은선 그리기〉 함수를 만듭니다.
먼저 검은색으로, 굵기를 25로 에너지표시 시작위치에서 100만큼 선을 긋고, 원래 시작위치로 돌아옵니다.

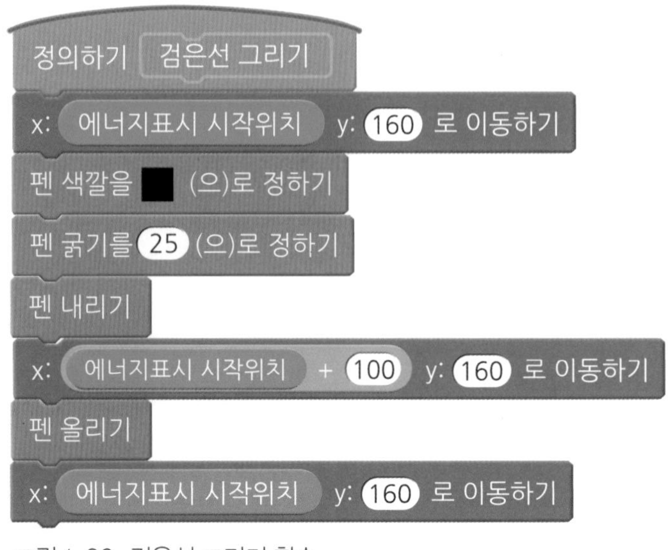

그림 1-90 검은선 그리기 함수

〈펜 색깔을 정하기〉 명령어에서 색칠된 사각형을 선택하고, 자신이 원하는 색깔을 가진 스프라이트를 클릭하면 그 색깔로 바뀝니다.
이 책에서는 노란색을 골랐습니다.

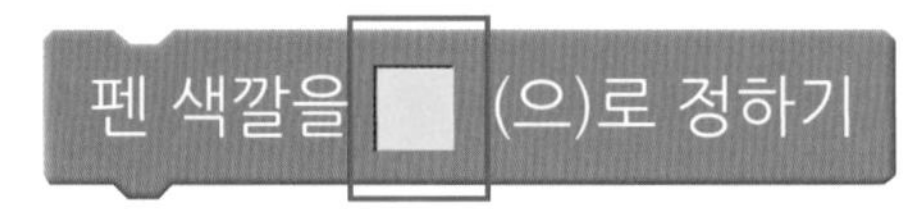

그림 1-91 검은색으로 선 그리기 실제 모습

그리고 〈에너지 그리기〉함수를 만듭니다.

이 함수는 먹은 벽의 수만큼 노란색으로 선을 그리는 일을 합니다. 굵기를 20으로 해서, 먹은 별의 수만큼 오른쪽으로 이동하여 노란색으로 선을 그리는 거죠.

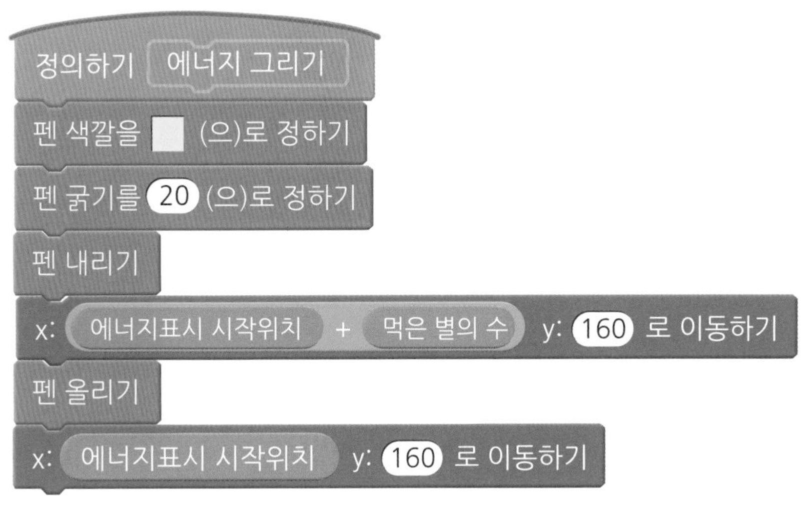

그림 1-92 에너지 그리기 함수

그리고 다시 펜을 올리고 원래 위치로 돌아옵니다.

클릭했을 때
지우기
에너지표시 시작위치 ▼ 을(를) -220 로 정하기
무한 반복하기
검은선 그리기
에너지 그리기

그림 1-93 에너지 그리기 실제 모습

그리고 배경음악도 넣어볼까요?

먼저 배경을 선택합니다. 위에 〈소리〉를 선택하고 스피커 아이콘을 클릭합니다. 그럼 소리 라이브러리가 나옵니다. 여기서 마음에 드는 음악을 선택합니다.

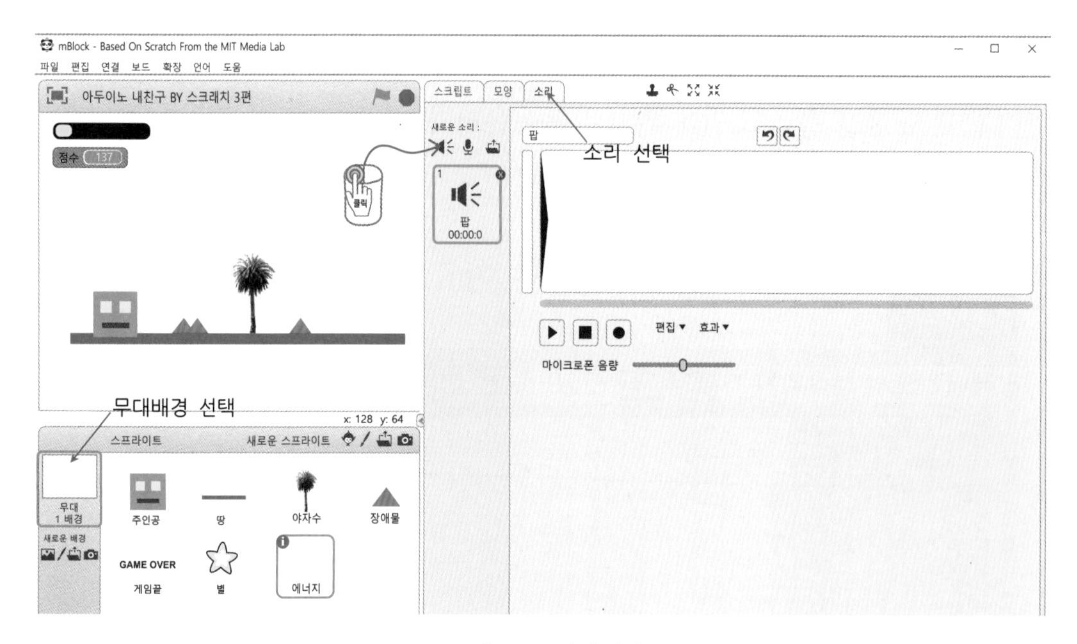

그림 1-94 배경선택

이 책에서는 빨간색으로 표시된 음악을 골랐습니다.

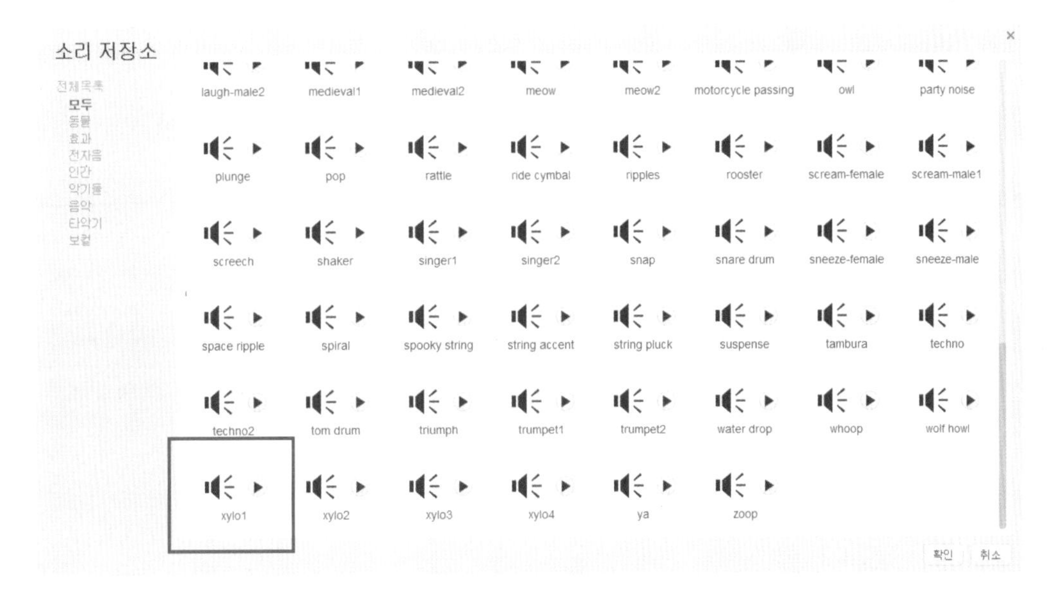

그림 1–95 음악 선택

그리고 〈끝까지 소리내기〉 명령어를 무한 반복하면 배경음악이 계속 재생됩니다. 배경음악이 처음부터 끝까지 재생되고, 배경음악이 끝나면 다시 처음부터 시작합니다. 어때요? 참 쉽죠?

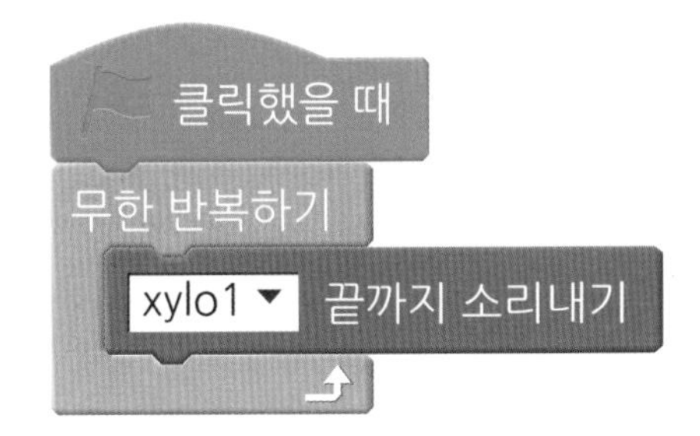

그림 1–96 끝까지 소리내기

아두이노
내친구
by스크래치

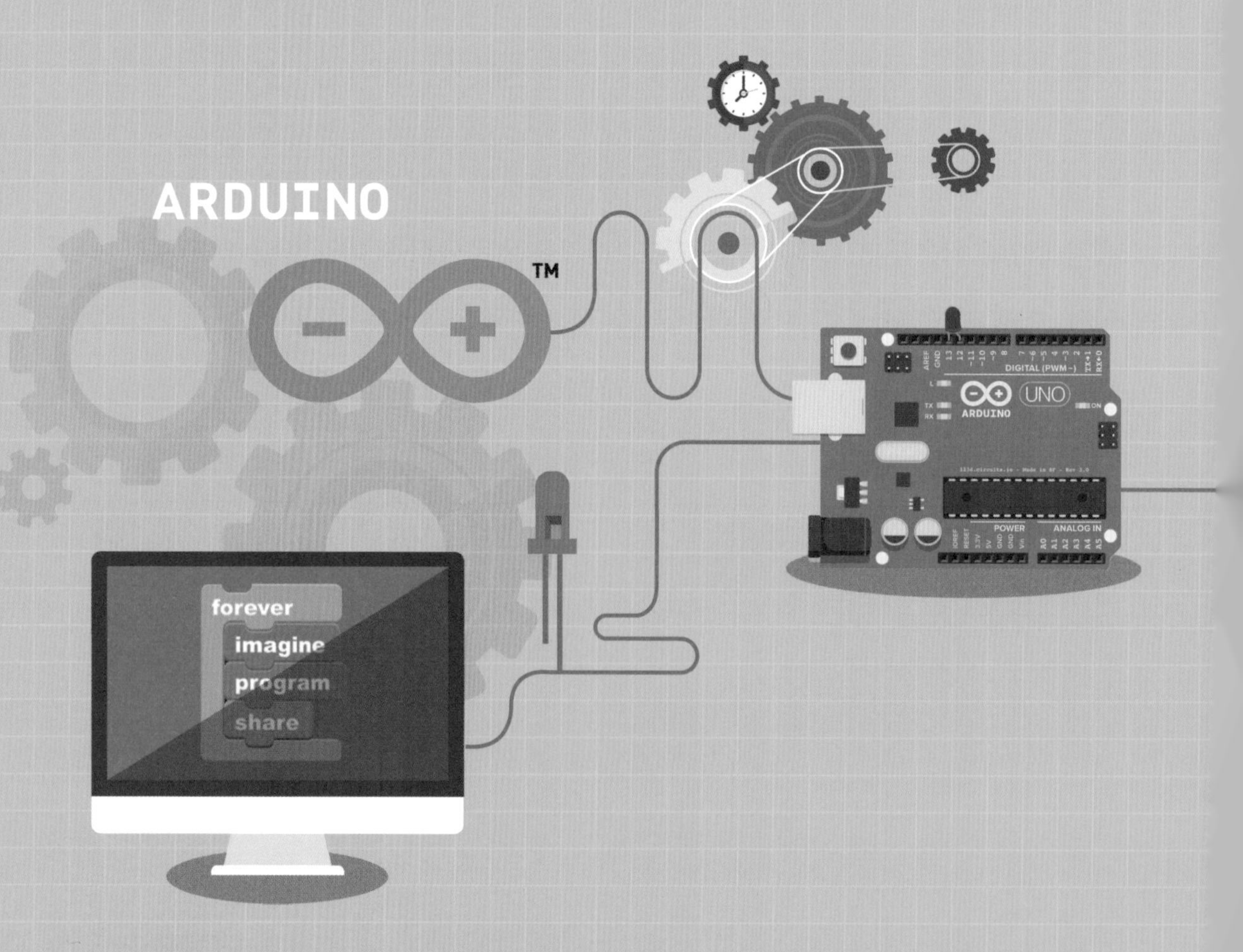
ARDUINO
TM
forever
imagine
program
share
DIGITAL (PWM~)
UNO
ARDUINO
POWER
ANALOG IN

02

힘차게 움직이는 서보모터

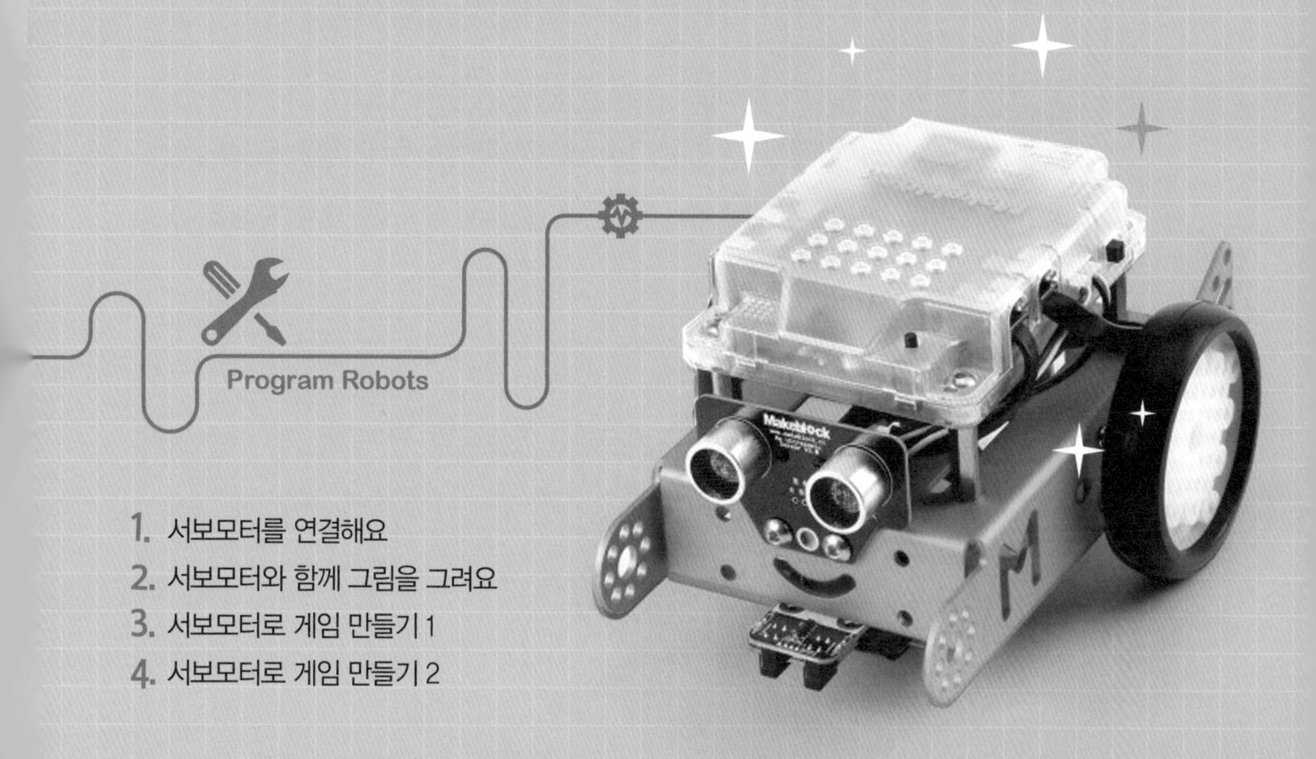

1. 서보모터를 연결해요
2. 서보모터와 함께 그림을 그려요
3. 서보모터로 게임 만들기 1
4. 서보모터로 게임 만들기 2

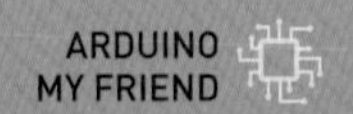

서보모터를 연결해요

우리가 많이 사용하는 3개 종류의 모터가 있습니다. 바로 DC모터, 스텝(Stepper) 모터, 서보(Servo)모터입니다. 이 모터들은 각각의 특징이 있고 사용법이 모두 다르기 때문에 서로의 차이점을 잘 알아야 합니다.

DC모터는 전기를 주면 계속 회전하는 모터입니다. 2편에서 라인 트랙 자동차를 만들 때 쓰던 모터입니다. 회전방향과 속도를 바꿀 수 있지만 원하는 각도만큼 회전하지는 못합니다. 자율 주행 자동차를 만들 때 바퀴를 움직이기 위해서 사용합니다.

서보모터는 원하는 만큼 회전할 수 있는 모터입니다. 서보모터 안에 톱니바퀴가 여러 개 있어서 원하는 만큼 회전할 수 있는 것이죠. 하지만 아주 큰 힘으로 회전하기는 힘듭니다. 우리가 자율 주행 자동차를 만들 때 초음파 센서와 함께 장애물이 있는지 확인할 때 사용합니다.

스텝모터는 DC모터와 서보모터의 장점을 갖고 있는 모터입니다.
회전 방향과 속도뿐만 아니라 회전각도도 바꿀 수 있습니다. 스텝모터는 아주 세밀하게 회전할 수 있습니다. 전기를 줄 때마다 일정한 길이만큼(스텝-step)씩 움직이는 것이죠.

그럼 자율 주행 자동차를 만들 때 사용하게 될 서보모터에 대해서 더욱 자세히 알아 보겠습니다. 서보모터는 머리를 움직일 수 있는 목과 같은 역할을 합니다. 서보모터에 초음파 센서를 연결하여 사용합니다.

서보모터가 돌면서 초음파 센서로 왼쪽-오른쪽에 물체가 있는지 확인합니다. 마치 고개를 왼쪽-오른쪽으로 돌려서 주위를 살펴보는 것과 같습니다.

서보모터는 그림 2-1과 같이 원하는 각도만큼 움직이는데 우리가 사용할 서보모터는 0도부터~180도까지 회전할 수 있습니다.

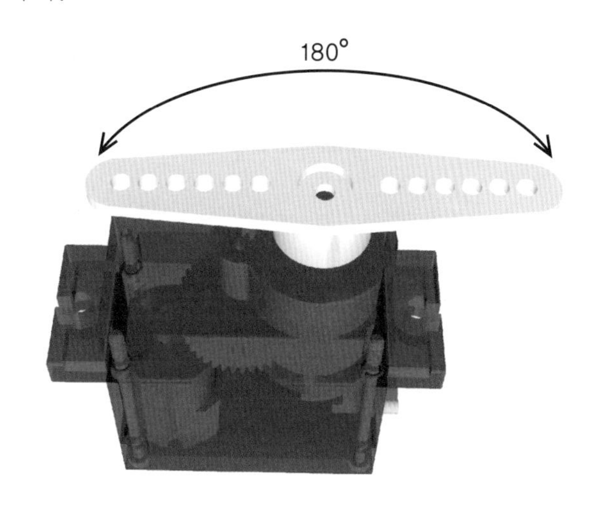

그림 2-1 서보모터

서보모터에는 3가지 선이 있습니다. 왜 3가지 선이 있을까요? 우선 서보모터로 전기가 흘러야 되겠죠? 전기는 플러스 극에서 마이너스 극으로 흐릅니다. 서보모터에도 전기가 흐르기 위해서는 플러스 극, 마이너스극과 연결해야 합니다. 즉 선이 2개 필요한 것이죠.

그렇다면 나머지 한 선은 무엇일까요?

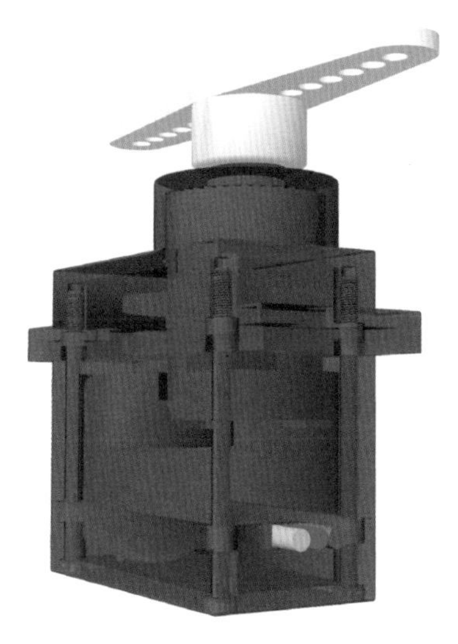

그림 2-2 서보모터 선의 종류

잠시 1편에서 배웠던 내용을 다시 공부해보겠습니다.

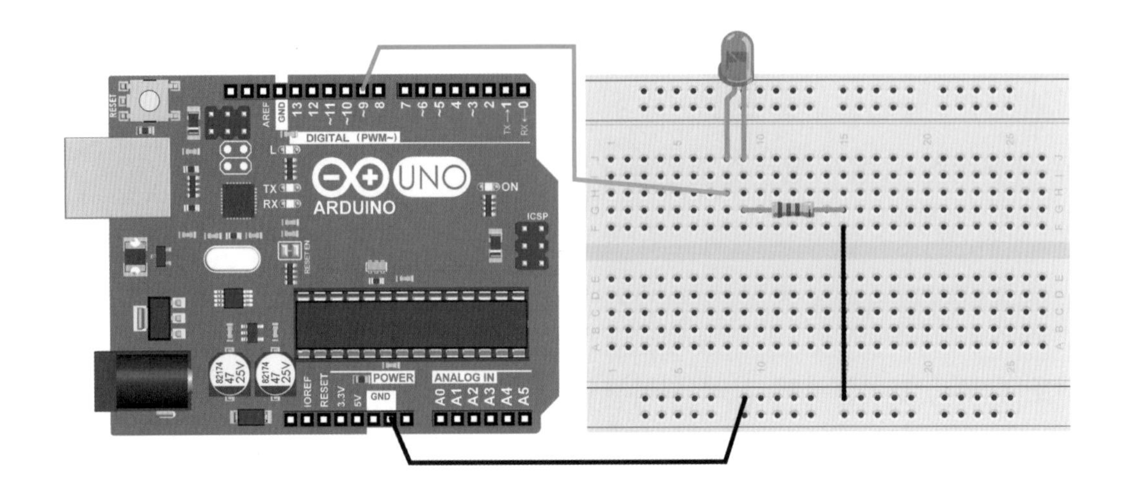

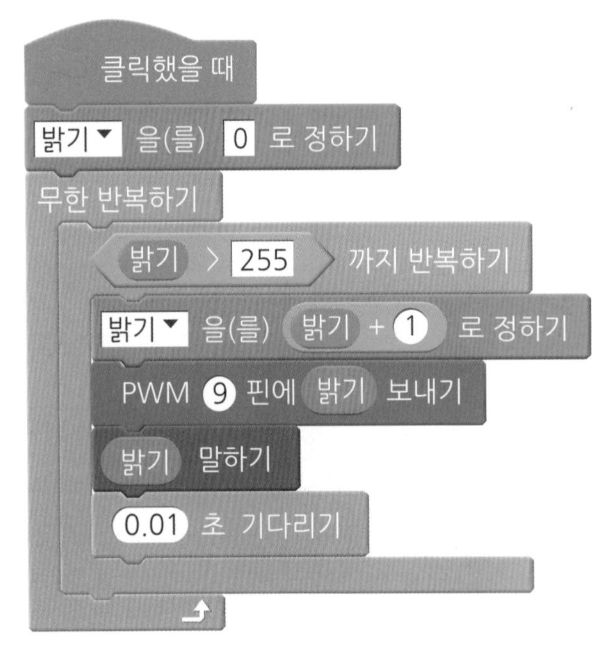

그림 2-3 PWM 핀으로 엘이디(LED) 점점 밝게 하기

그림 2-3은 피더블유엠(PWM) 디지털 핀을 이용하여 엘이디(LED)를 점점 밝아지도록 코딩한 것입니다. 피더블유엠(PWM) 디지털 핀에 보내는 전압에 값에 따라

서 엘이디(LED)의 밝기가 달라지는 것이죠.

서보모터도 이와 같습니다. 서보모터로 보내주는 전압 값에 따라서 서보모터가 0도에서 180도로 회전하는 겁니다. 서보모터에 다른 전압을 주기 위해서 선이 하나 더 필요한 겁니다.

앞으로 우리가 배울 아두이노 전자부품도 이와 비슷합니다. 아두이노 전자부품은 플러스 극과 연결하는 부분과 마이너스 극과 연결하는 부분이 필요합니다. 그리고 전자부품을 사용하는 방법에 따라서 필요한 선의 개수가 달라집니다.

2편에서 배운 모터 드라이버는 한 개의 모터를 2개의 디지털 핀으로 조종합니다. 모터를 2개 사용하려면 디지털 핀 4개가 필요하고, 전기가 흘러야 하니 핀 2개가 더 필요합니다. 어때요? 참 쉽죠?

그림 2-4 모터 드라이버

서보모터는 선 색깔로 연결하는 곳을 알려줍니다. 갈색은 GND, 빨간색은 5V, 주황색은 피더블유엠(PWM) 디지털 핀과 연결합니다. 선 색깔이 다른 서보모터도 있습니다. 선 색깔이 검은색, 빨간색, 노란색인 서보모터는 검은색은 GND, 빨간색은 5V, 노란색은 피더블유엠(PWM) 디지털 핀과 연결합니다. 어두운 색은 GND,

빨간색은 5V과 연결한다고 기억하면 됩니다.

서보모터처럼 구멍이 있는 선은 암-수 점퍼 케이블을 이용하여 아두이노와 연결합니다.

원래 디지털 핀은 0 또는 5V 전압만 보낼 수 있습니다. 이렇게 값이 몇 개로 정해졌기 때문에 디지털 핀이라고 부릅니다. 디지털 핀을 자세히 보면 앞에 물결표시가 있습니다. 이 표시는 피더블유엠(PWM) 디지털 핀이라는 뜻입니다. 이 핀을 이용하면 0에서 5V 사이의 전압을 보낼 수 있습니다. 이것을 펄스폭 변조(Pulse Width Modulation: PWM) 방식이라고 합니다.

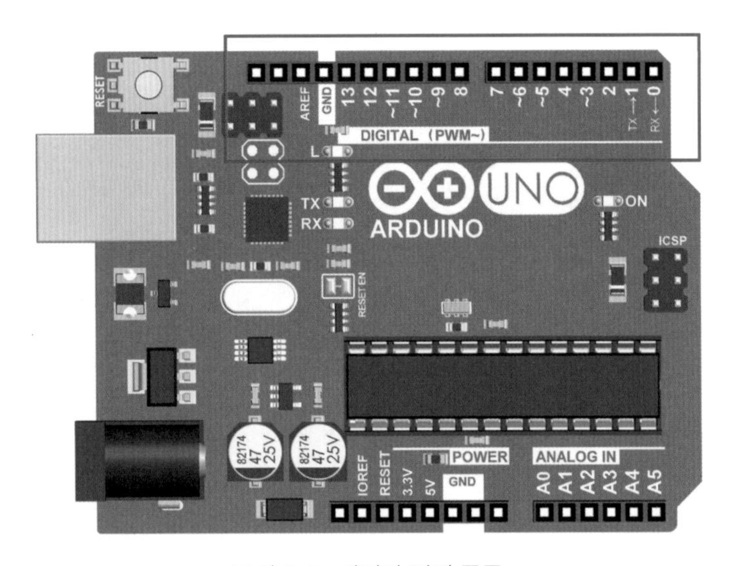

그림 2-5 디지털 핀의 종류

우리는 그림 2-6과 같이 피더블유엠(PWM) 디지털 9번 핀과 서보모터를 연결하겠습니다.

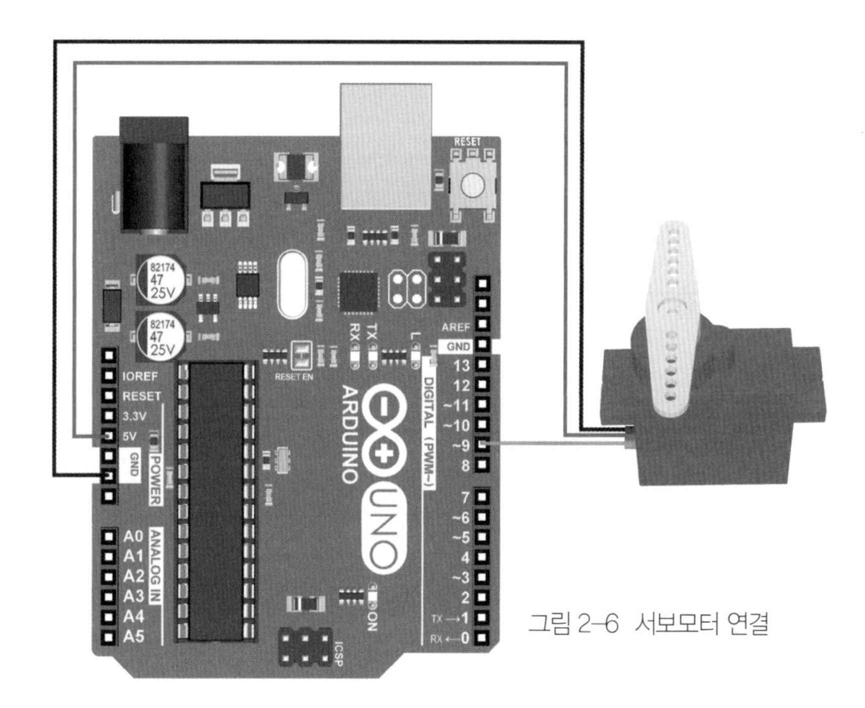

그림 2-6 서보모터 연결

우선 서보모터의 각도를 0으로 맞춰서 코딩할 준비를 합니다.

이것을 초기화라고 합니다. 원래 상태로 만드는 것이죠.

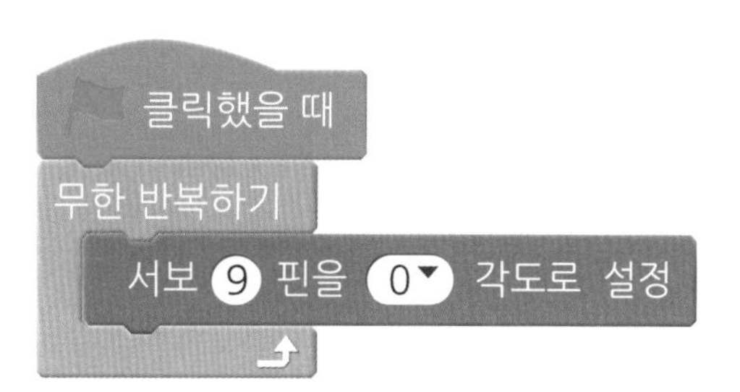

그림 2-7. 초기화

그리고 서보모터를 90도 돌려봅시다. 어때요? 잘 되나요?

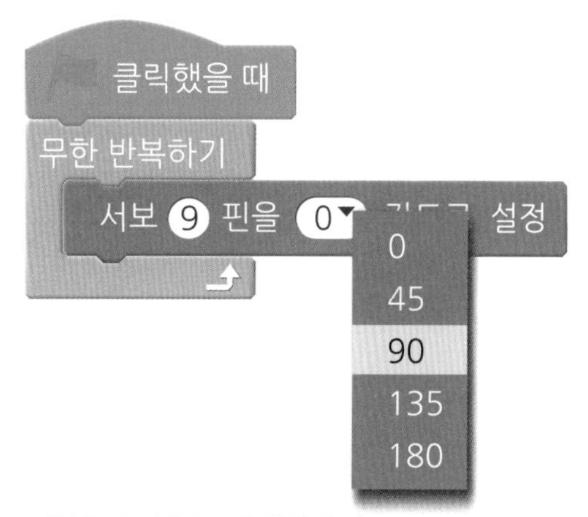

그림 2-8 서보모터 회전하기

서보모터가 0에서부터 180 사이를 계속 회전하도록 코딩해보겠습니다.

[회전각도] 변수를 만듭니다. 〈~까지 반복하기〉 명령어를 사용하면 쉽게 코딩을 할 수 있습니다.

```
클릭했을 때
회전각도 을(를) 0 로 정하기
무한 반복하기
    만약 회전각도 > 179 까지 반복하기
        회전각도 을(를) 1 만큼 바꾸기
        서보 9 핀을 회전각도 각도로 설정
    만약 회전각도 < 1 까지 반복하기
        회전각도 을(를) -1 만큼 바꾸기
        서보 9 핀을 회전각도 각도로 설정
```

그림 2-9 〈~까지 반복하기〉를 이용하여 서보모터 회전하기

회전각도 변수 값이 179보다 클 때까지 계속 회전각도에 1씩 더해서 서보모터가 점점 돌아가게 합니다. 그리고 회전각도 변수가 179보다 큰 180이 되면 더 이상 반복을 하지 않고, 아래 연결된 명령어를 하게 됩니다.
회전각도가 1보다 작을 때까지 반복을 하니 회전각도 변수 값이 0이 될 때까지 계속 회전각도 값이 작아져서 서보모터가 원래 위치로 돌아오게 됩니다.
〈무한 반복〉 명령어를 사용했으니 계속 180도까지 회전했다가 다시 원래 위치로 돌아오는 것을 계속 반복하게 됩니다.

실제로 스크래치로 서보모터를 돌려보면 0도 또는 180도로 끝까지 회전하지는 않습니다. 서보모터가 실제로 돌 때 어느 정도 제한이 있다는 것도 기억해두면 좋습니다. 어때요? 참 쉽죠?

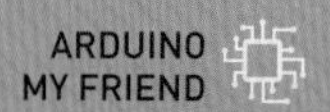

서보모터와 함께 그림을 그려요

스크래치로 멋진 그림을 한 번 그려보겠습니다.
스크래치로 똑같은 모양을 반복해서 그림을 그립니다.
우리는 그림 2-10과 같은 그림을 그릴 겁니다.

그림 2-10 해바라기 모양

어떤 모양이 반복하나요? 삼각형 12개가 보이나요? 이 도형은 삼각형 어떤 규칙으로 여러 번 반복해서 그린 것입니다. 삼각형을 하나 그릴 때마다 모터가 움직여서 삼각형을 하나 그렸다는 것을 알려줍니다.

우선 삼각형을 하나 그리고 서보모터가 움직이도록 코딩을 하겠습니다.
서보모터를 디지털 9번 핀과 연결합니다.
그리고 서보모터의 각도를 0으로 해서 처음 위치로 돌아오게 합니다.

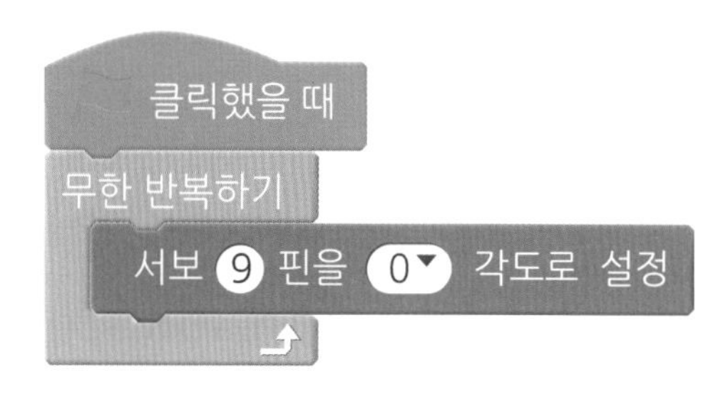

그림 2-11 서보모터 각도 바꾸기

그리고 그림 2-12와 같이 날개 모양의 서보모터 브래킷이 가로로 놓이도록 서보모터에 끼웁니다.

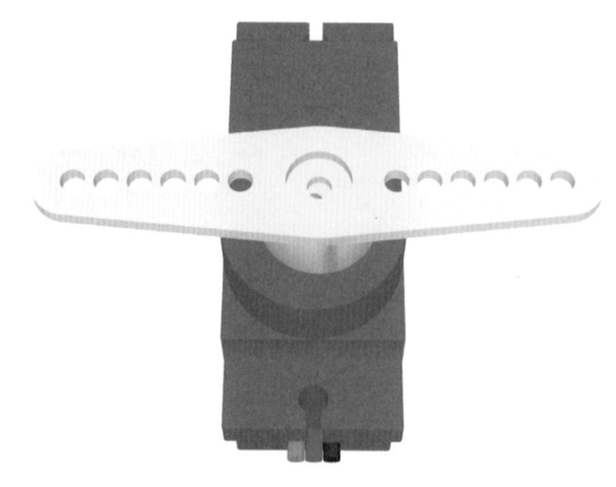
그림 2-12 서보모터 준비

그리고 [삼각형 그리기] 변수를 만듭니다. 이 변수의 값만큼 서보모터가 회전하게 코딩을 합니다. 곰돌이의 방향을 90도로 정해서 곰돌이가 왼쪽을 보게 합니다. 그리고 무대 위에 펜 명령어로 그림 그림을 모두 지워줍니다. 〈지우기〉 명령어를 사용하지 않으면 펜 명령어로 그린 그림이 계속 무대에 있어서 보기 좋지 않습니다. 〈펜 내리기〉 명령을 하고 삼각형을 그립니다. 그리고 1초 있다가 삼각형 그리기 변수에 10을 더하고 서보모터를 회전하는 겁니다. 어때요? 참 쉽죠?

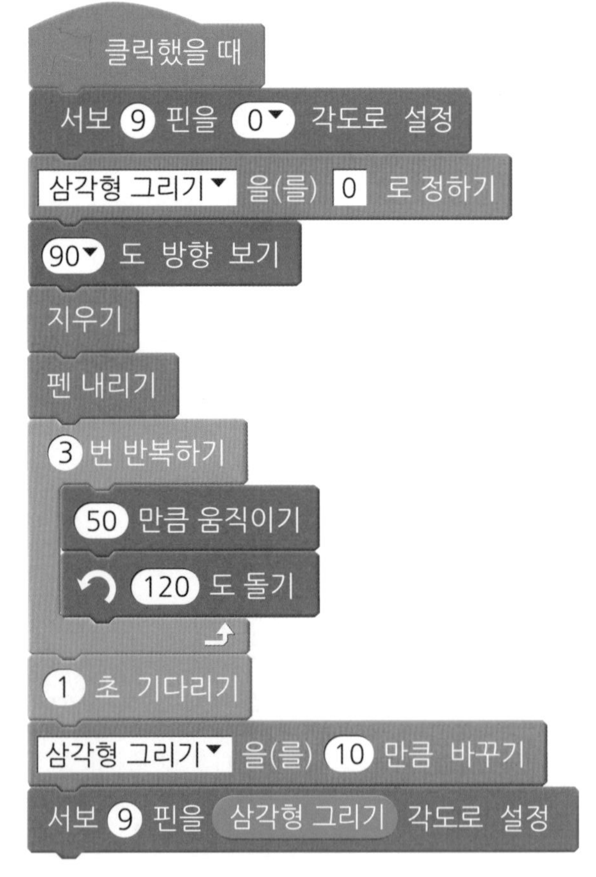

그림 2-13 삼각형 그리고 서보모터 회전하기

함수를 이용하여 코딩하면 더욱 좋겠죠?

〈삼각형 그리고 서보모터 회전〉이라는 함수를 만들고 삼각형을 그리고 서보모터를 움직이는 명령어를 연결해줍니다.

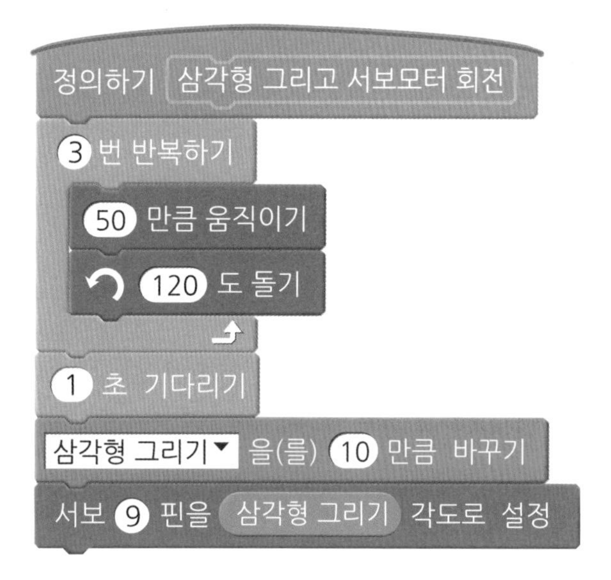

그림 2-14 〈삼각형 그리고 서보모터 회전〉 함수 만들기

함수를 이용하면 문제를 나눠서 생각할 수 있습니다.

다시 우리가 그리고 싶은 그림을 자세히 살펴봅니다. 어떤 규칙이 보지 않나요? 앞에 그림은 삼각형을 그리고 앞으로 이동하고 30도만큼 시계 방향으로 회전하는 것을 계속 반복하면 됩니다.

이것을 스크래치로 코딩하면 다음 그림 2-15와 같습니다.

어때요? 참 쉽죠?

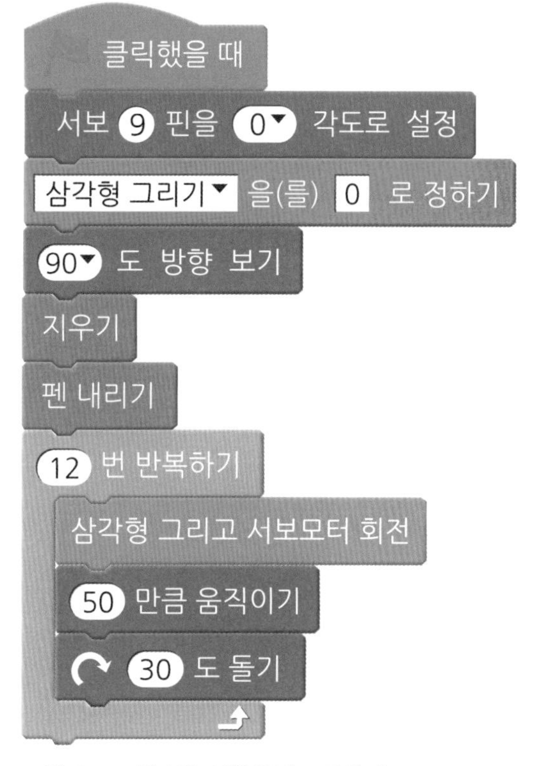

그림 2-15 함수를 이용하여 코딩하기

총 12번을 반복하면 되는데 삼각형을 그릴 때마다 펜의 색깔도 바꿔 줍니다.

〈펜 색깔을 20만큼 바꾸기〉 명령어를 사용하면 삼각형을 그릴 때마다 펜 색깔이 변해서 다양한 색깔의 삼각형을 그릴 수 있습니다.

어때요 참 쉽죠?

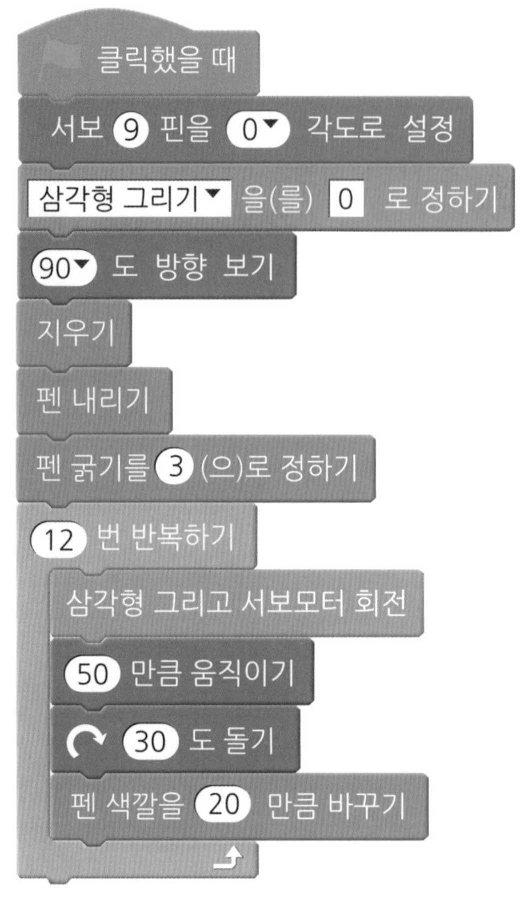

그림 2-16 12번 함수 반복하기

그림 2-17 다양한 색깔로 그리기

그림 2-18은 어떻게 그릴 수 있을까요?

어떤 규칙이 보이지 않나요?

그림 2-18 사각형 꽃 모양

위 그림의 사각형은 마주보는 두 변이 모두 평행한 평행사변형입니다.

그림을 자세히 보면 이 평행사변형이 색깔을 바꾸면서 회전하고 있다는 것을 알 수 있습니다.

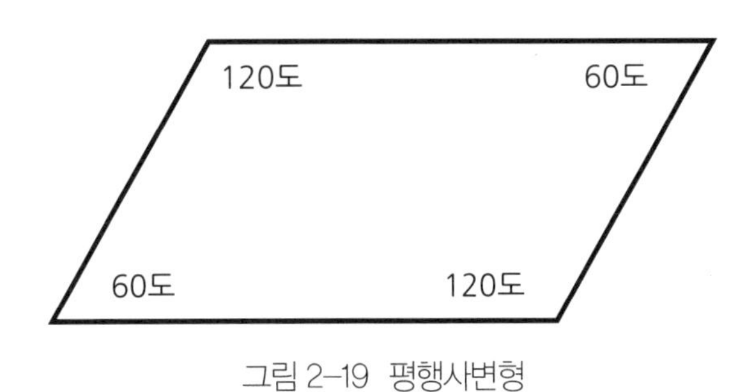

그림 2-19 평행사변형

〈사각형 그리고 서보모터 회전〉이라는 함수를 만들고 그림 2-20과 같이 코딩을 하면 평행사변형이 하나 그려집니다.

삼각형을 반복해서 그릴 때와 비슷하죠?

그럼 어떻게 코딩하면 우리가 원하는 그림을 그릴 수 있을까요?

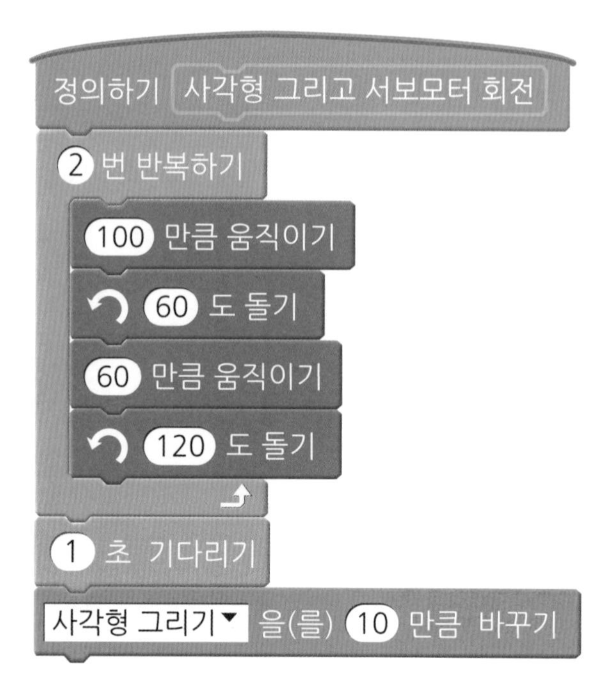

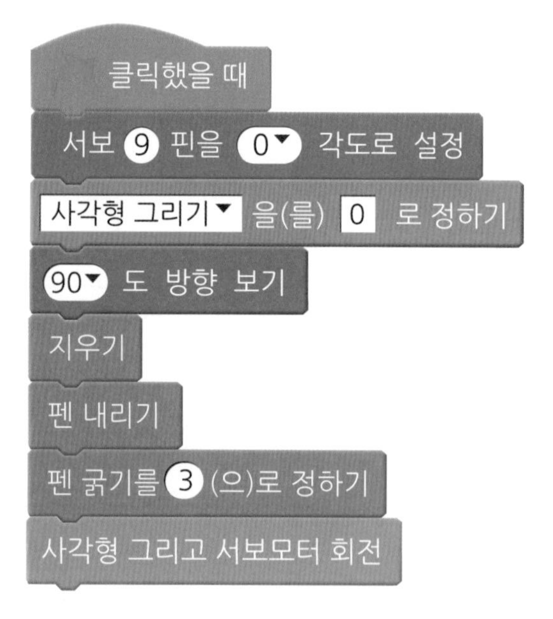

그림 2-20 〈삼각형 그리고 서보모터 회전〉 함수 만들기

사각형을 그리고 회전하고 색깔을 바꿔주는 것을 12번 반복하면 됩니다.

어때요? 참 쉽죠?

스크래치를 이용하면 아주 간단한 코딩으로 멋진 그림을 그릴 수 있습니다. 같은 도형을 규칙을 정해서 반복하여 그리면 멋진 작품을 만들 수 있습니다.

이번 단원에서 배운 내용으로 자신만의 작품을 만들어보면 어떨까요?

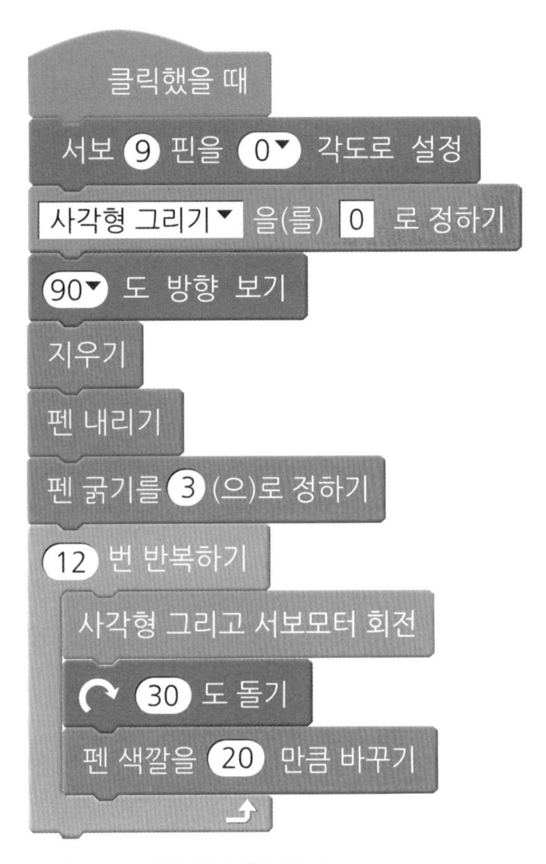

그림 2-21 12번 함수 반복하기

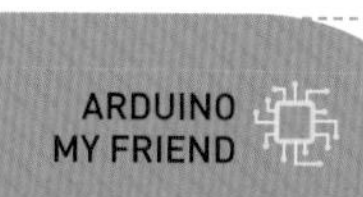

3 서보모터로 게임 만들기 1

브릭 브레이커 볼(Brick Breaker Ball)이란 게임을 아시나요?

공을 이리저리 튕기면서 벽돌을 깨는 게임입니다. 벽돌에 적힌 숫자만큼 공을 부딪쳐야 벽돌이 깨지는 게임입니다. 하얀색 동그라미에 부딪히면 공의 개수가 늘어납니다.

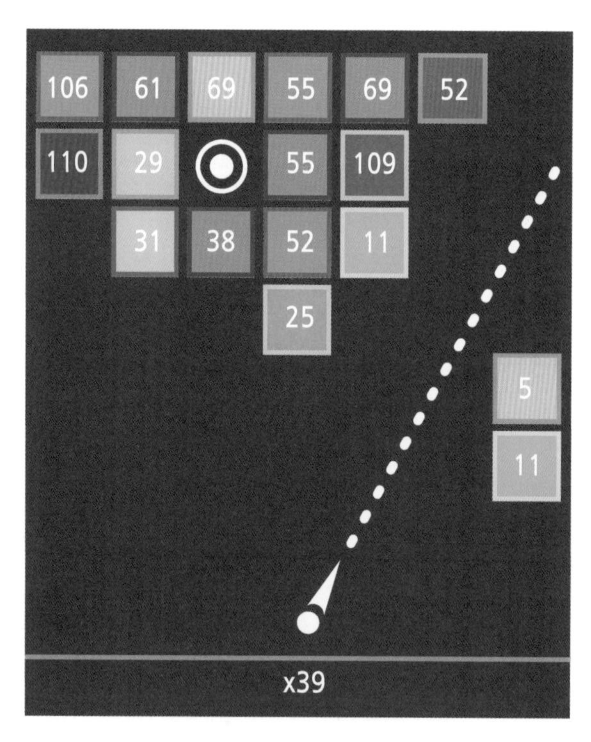

그림 2-22 브릭 브레이커 볼 게임

우리가 만든 브릭 브레이커 볼 규칙은 다음과 같습니다.

화살표 키로 공이 날아가는 방향으로 정하고, 화살표로 공이 날아가는 방향을 보여준다.

공이 벽돌과 벽을 맞으면 튕기고 바닥에 닿으면 멈춘다.

벽돌이 한 줄에 최대 6개가 생기고, 공에 맞으면 사라진다.

공을 날아가서 다시 바닥에 닿으면 벽돌이 한 칸 아래로 내려오고 새로운 벽돌이 생긴다.

화살표가 가리키는 방향으로 서보모터가 회전한다.

여기에서 코딩의 중요한 원칙을 다시 한 번 정리합시다.

한 번에 한 가지 문제만 생각한다.

두 가지를 동시에 생각하려면 문제가 복잡해 보이고, 머리도 아픕니다. 한 번에 한 가지 문제만 생각해서 문제를 해결하는 것이 매우 중요합니다.

우선, 화살표 키로 공이 날아가는 방향으로 정하고, 화살표로 공이 날아가는 방향을 보여주도록 코딩을 해봅시다.

곰돌이를 마우스 오른쪽 버튼으로 클릭을 하고 삭제를 누릅니다.

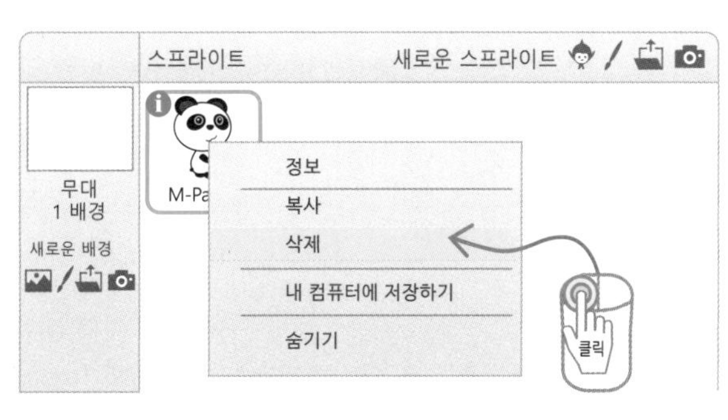

그림 2-23 곰돌이 삭제하기

그리고 공을 하나 그리겠습니다.
붓 아이콘을 클릭하여 새 스프라이트를 그립니다.

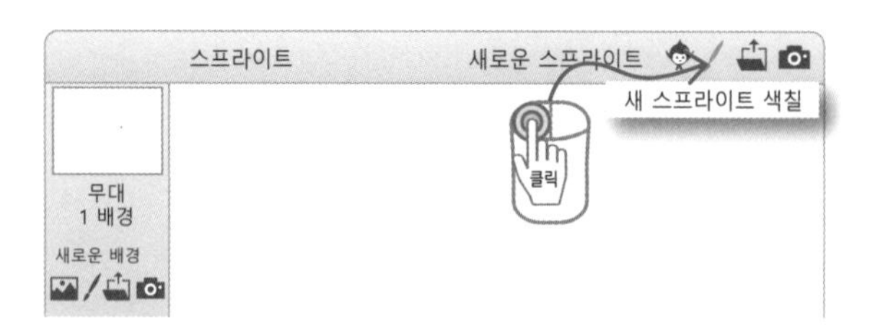

그림 2-24 새 스프라이트

오른쪽 메뉴에서 타원을 클릭하여 동그라미 모양을 그리고 이름을 공이라고 바꿉니다.
Shift 키를 누르고 그리면 완벽한 원을 그릴 수 있습니다.

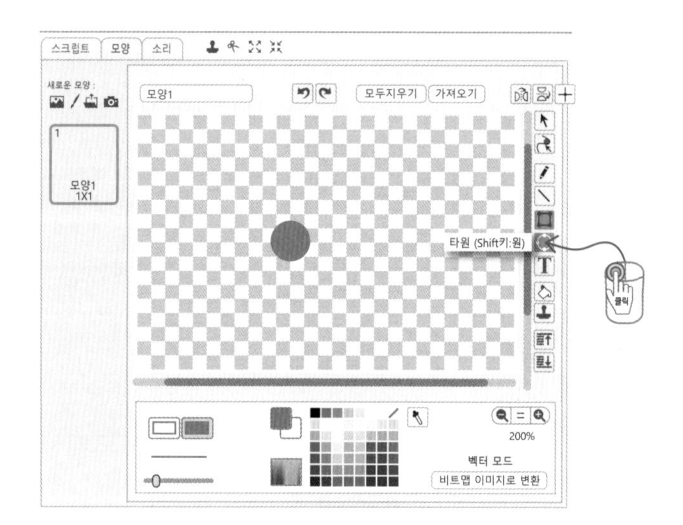

그림 2-25 원 그리기

그리고 화살표 스프라이트를 만들겠습니다.
붓 아이콘을 클릭하고 그림 2-26과 같이 그림을 그립니다.

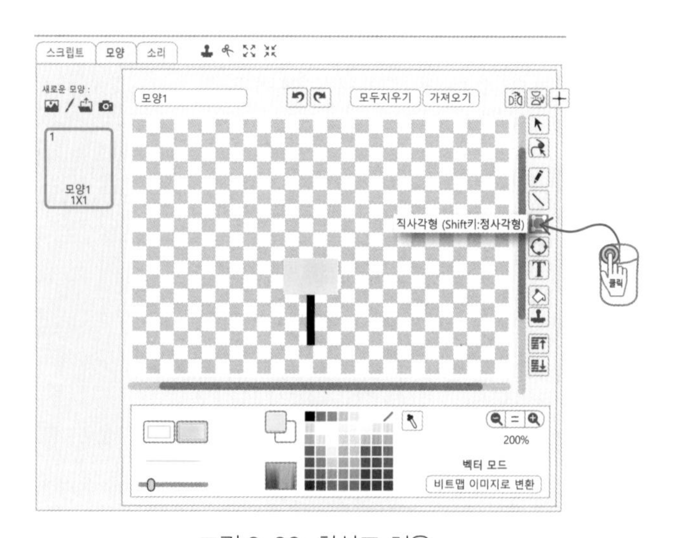

그림 2-26 화살표 처음

오른쪽 메뉴에서 형태고치기를 클릭합니다.
그러면 모서리 점이 생기는데 이 점을 옮기면 모양이 바뀝니다.

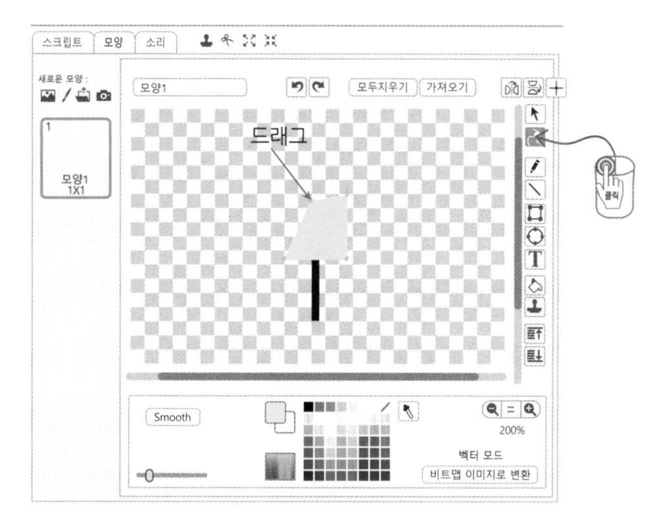

그림 2-27 형태고치기

그림 2-28처럼 화살표를 그립니다.

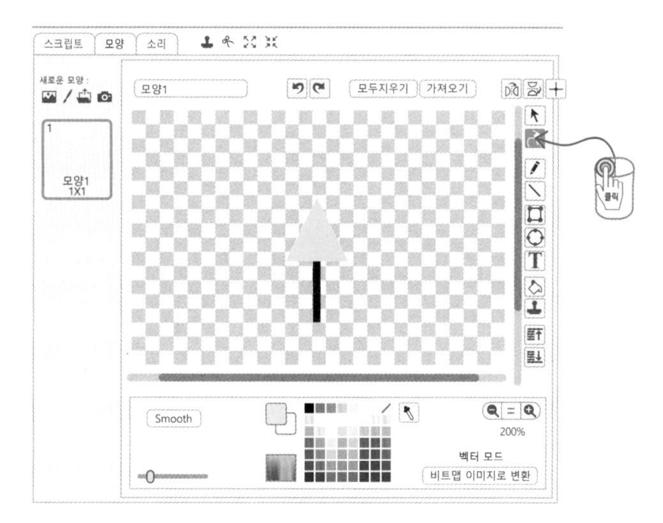

그림 2-28 화살표 모양 바꾸기

그린 도형을 하나처럼 만들어야 합니다.
마우스로 그린 것을 모두 선택하고 그룹화를 해서 그림을 하나로 묶어 줍니다.

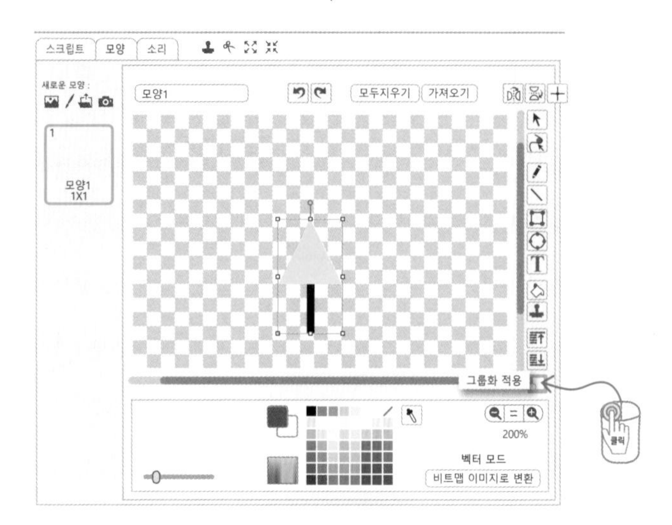

그림 2-29 그룹화 적용

그리고 그림의 중심을 화살표 아래로 정합니다.
이 점을 중심으로 화살표가 회전합니다.

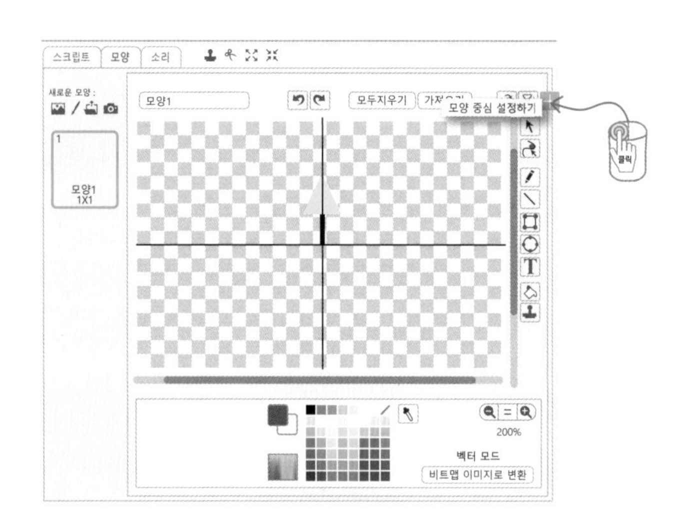

그림 2-30 중심점 맞추기

게임이 시작되면 화살표는 공의 위치로 이동합니다.

그리고 위쪽 화살표 키를 누르면 시계방향으로, 아래쪽 화살표 키를 누르면 시계 반대 방향으로 회전합니다.

화살표를 마우스 오른쪽 클릭하여 정보를 선택하면 방향을 볼 수 있습니다.

그림 2-31 화살표 회전

공이 잘 움직이려면 방향이 179도보다 작을 때만 시계방향으로 회전하고, 1보다 클 때만 시계 반대 방향으로 회전해야 합니다.

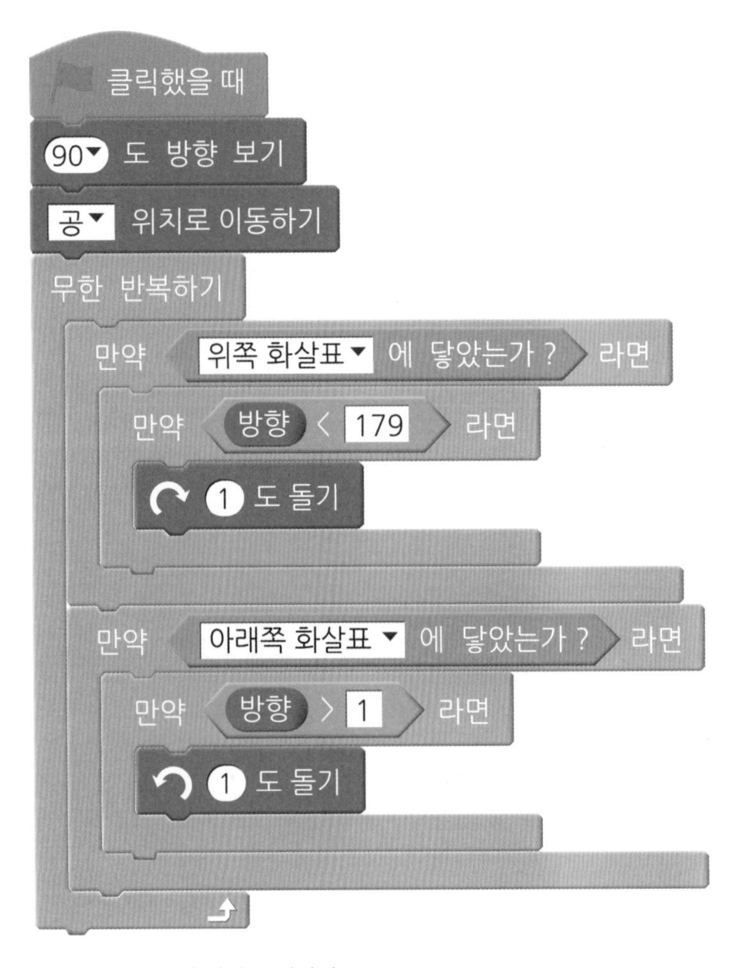

그림 2-32 회전 범위를 정하기

함수를 이용하여 다시 코딩합니다.

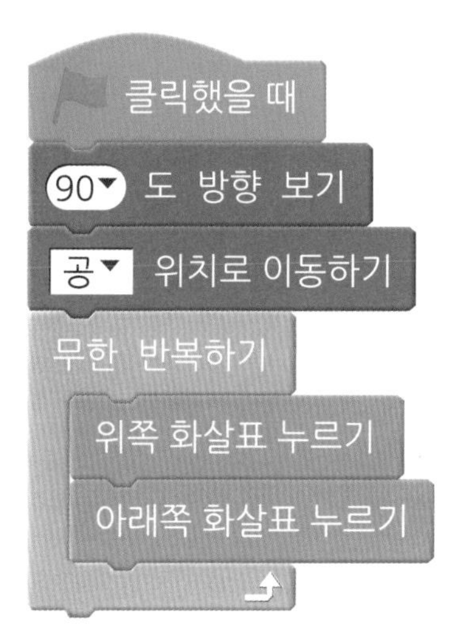

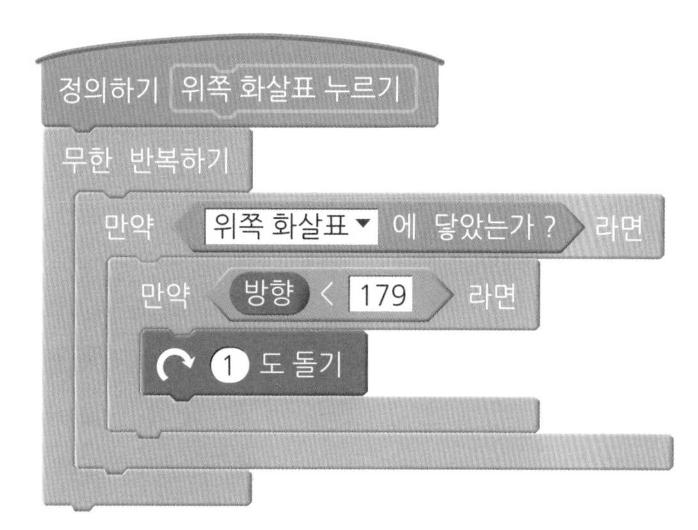

그림 2-33 함수를 이용하여 코딩하기

이제는 화살표가 가리키는 방향으로 공이 날아가게 만들어야 합니다.

먼저 바닥을 하나 그립니다. 공이 시작하고 멈추는 곳이죠.

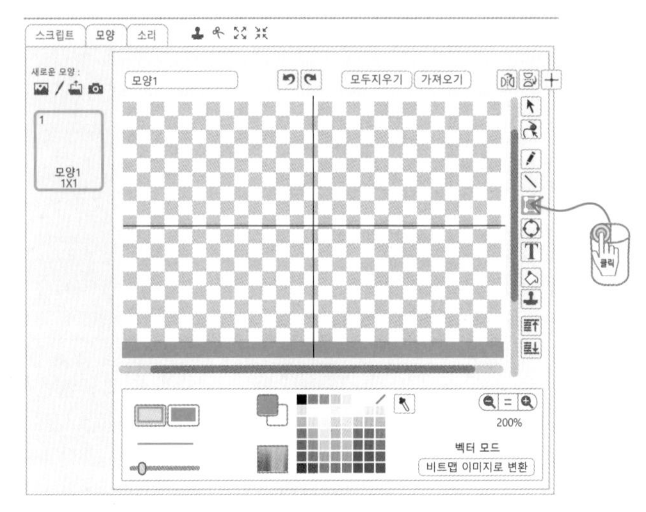

그림 2-34 바닥 그리기

화살표에 [화살표 방향] 변수를 만듭니다.
그리고 화살표의 방향 값을 저장합니다.

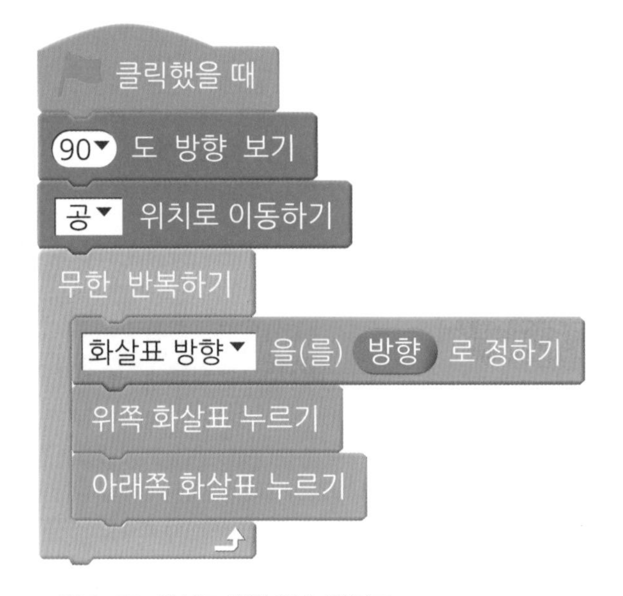

그림 2-35 화살표 방향 변수 만들기

공 스프라이트를 클릭합니다. 이 공은 맨 앞에 나와야 합니다.
그리고 아래쪽 가운데로 이동합니다.

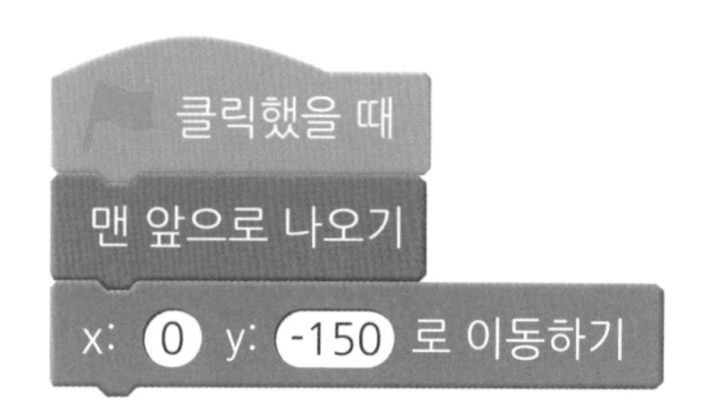

그림 2-36 맨 앞으로 나오기

스크래치 회전 방향은 좀 헷갈릴 수 있으니 이 부분을 자세히 읽어야 나중에 게임을 잘 만들 수 있습니다.

위쪽이 0으로, 여기를 기준을 방향이 커지면 시계방향으로 회전합니다. 우리가 쓰는 각도기와 방향이 달라서 헷갈리는데 우리가 생각하는 0도가 스크래치에서는 90도입니다.

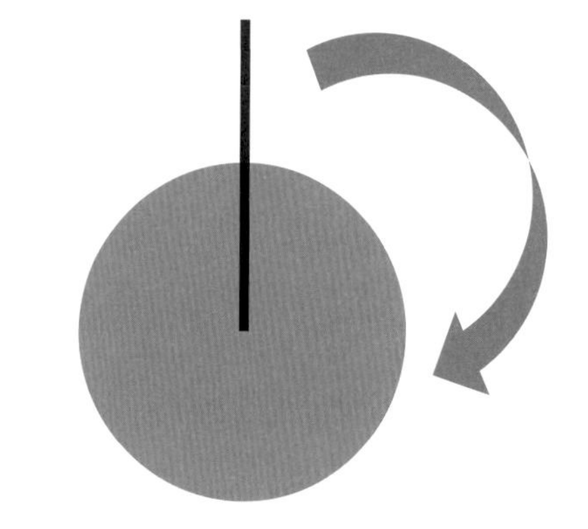

그림 2-37 방향이 커지면 시계방향으로 회전

화살표 방향 변수 값에서 90도를 뺀 값으로 공의 날아가는 방향을 정하면 됩니다.
공의 〈정보〉에서 방향을 자세히 관찰해보면 잘 알 수 있습니다.
바닥에 닿을 때까지 10만큼 움직이다가 벽에 닿아 튕기면 공이 우리가 생각한 대로 움직이게 됩니다.

그림 2-38 스페이스 키를 눌렀을 때 날아가기

그리고 스페이스 키를 누릅니다. 다시 스페이스 키를 눌러도 공이 움직이지 않습니다. 왜일까요? 그림을 보면 알겠지만 공은 바닥에 조금 닿아 있기 때문이죠.

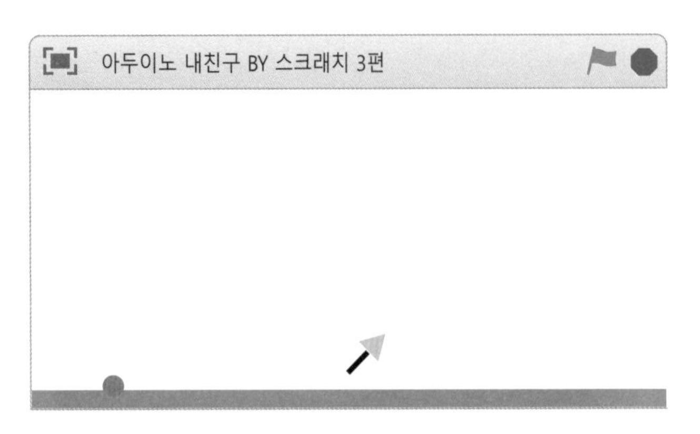

그림 2-39 날아가지 않는 공, 가만히 있는 화살표

그래서 공을 조금 위로 올려야 합니다. 그리고 공이 닿았다는 방송을 보내줍니다. 이 방송은 무슨 일을 할까요? 이 방송을 받아야 하는 스프라이트는 과연 무엇일까요? 곰곰이 생각해 봅시다. 그리고 앞의 그림을 보면 화살표가 계속 보이고, 공 쪽으로 가지도 않습니다.

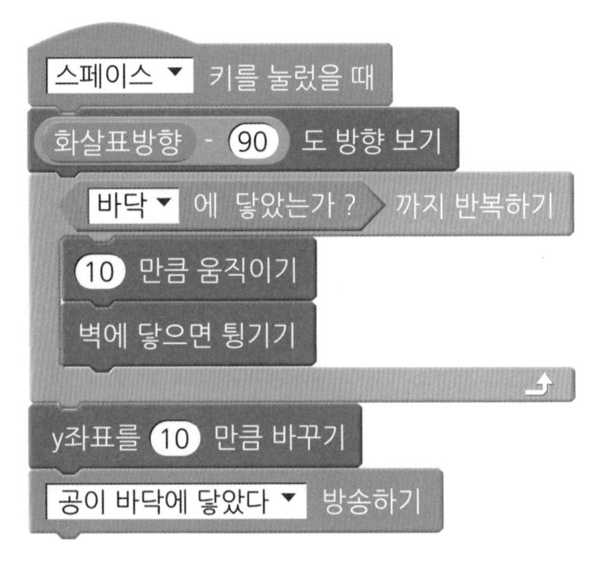

그림 2-40 공을 조금 위로 올리기

이렇게 코딩을 하면 문제를 아주 손쉽게 해결할 수 있습니다.
스페이스 키를 눌렀다는 것은 공이 날아갔다는 뜻입니다. 그래서 화살표를 숨겨야 합니다. 〈공이 바닥에 닿았다〉 방송을 받으면 다시 위쪽을 보고 공 쪽으로 가서 다시 쑝하고 나타나면 됩니다.
어때요? 참 쉽죠?

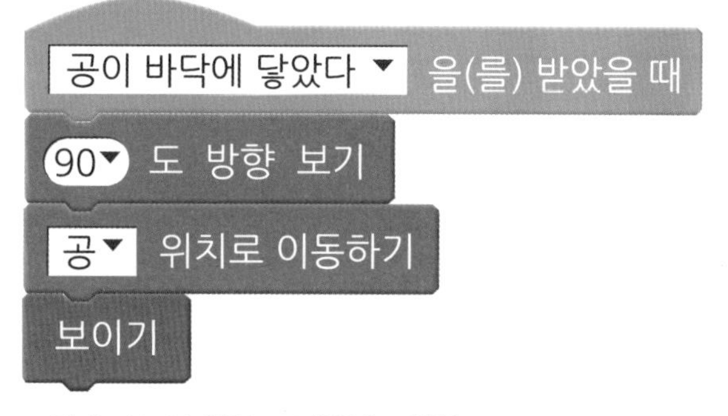

그림 2-41 공 위치로 이동하는 화살표

화살표는 처음 시작할 때는 보여야 하니, 〈보이기〉 명령어를 맨 위에 연결합니다.

이제 벽돌을 넣어서 게임을 더욱 재미있게 만들어 볼까요?

그림 2-42 처음 시작했을 때 화살표 보이기

4 서보모터로 게임 만들기 2

벽돌을 만들기 전에 간단한 수학 문제를 풀겠습니다.

우리는 벽돌을 한 줄에 최대 6개를 넣고 싶습니다. 그렇다면 벽돌의 가로의 크기는 얼마로 해야 할까요?

스크래치 무대의 가로 크기는 480입니다. 따라서 벽돌의 가로 크기는 480÷6으로, 80이 됩니다. 세로의 크기는 240의 약수로 해야 합니다.

약수는 그 수로 나눴을 때 나머지가 없는 수를 말합니다. 그래서 딱 맞게 떨어지게 됩니다. 이 책에서는 가로 80, 세로 20으로 벽돌을 그렸습니다.

직사각형을 그리고 마우스로 줄이고 늘리고 해서 크기를 맞춰주면 됩니다.

왼쪽 위를 보면 벽돌의 크기를 알 수 있습니다.

그리고 중심점을 왼쪽 위에 둡니다. 이 중심점이 벽돌의 좌표 기준점이 됩니다.

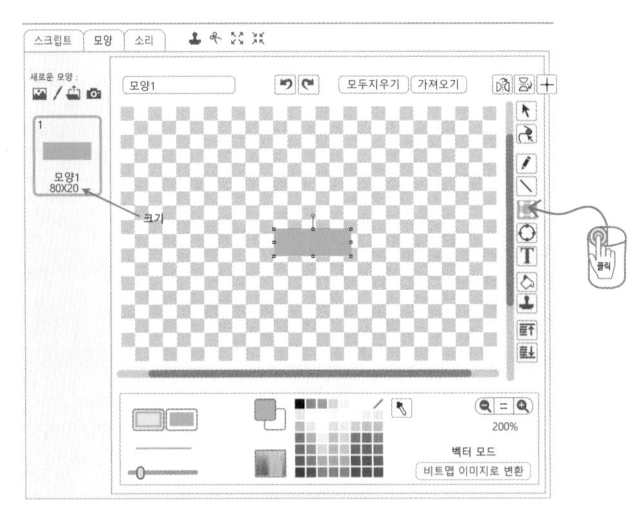

그림 2-43 직사각형 그리기

이렇게 중심점을 두면, 벽돌의 x좌표가 –240, y좌표가 180일 때 벽돌은 왼쪽 벽에 붙어서 나오게 됩니다.

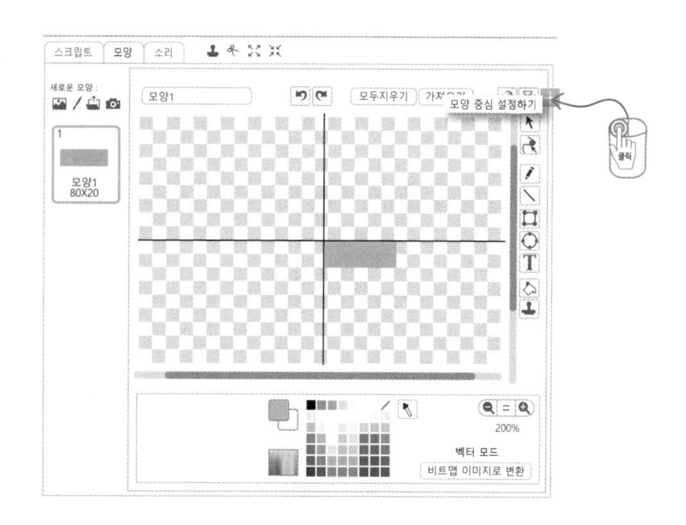

그림 2–44 중심점 왼쪽 위로 맞추기

벽돌의 처음 나올 때 y좌표는 180입니다. x좌표만 변하는 것이죠. 벽돌의 x좌표는 어떤 값이면 될까요? –240에서 80씩 더하면 됩니다.
벽돌의 가로 크기가 80이기 때문이죠. 벽돌이 움직일 수 있는 x좌표 값은 –240, –160, –80, 0, 80, 160으로 총 6가지입니다.

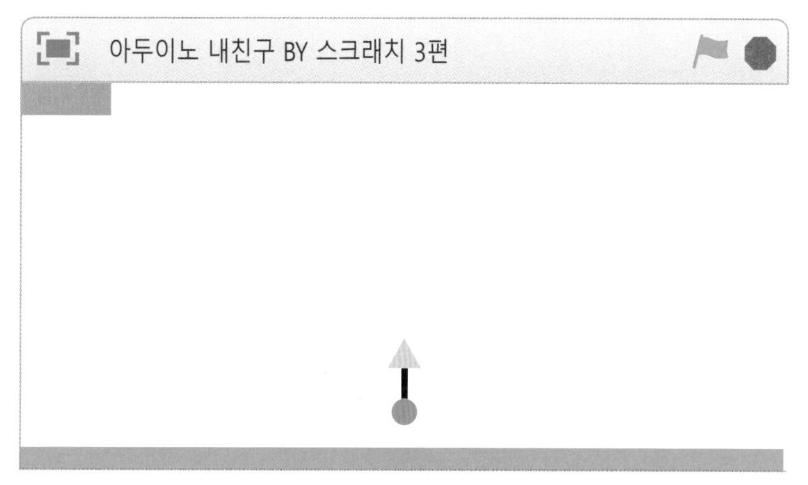

그림 2–45 실제 게임 모습

자 이제 중요한 것을 배워보겠습니다. 바로 〈리스트〉입니다.

변수는 모두 잘 알죠? 변수는 어떤 것을 저장하는 사물함 같은 겁니다.

리스트는 사물함을 여러 개 모아서 이름을 붙인 것이라고 생각하면 됩니다. 즉, 변수를 저장하는 변수인 것이죠.

1번 사물함에는 사과, 2번 사물함에는 귤, 3번 사물함에는 자두, 4번 사물함에는 포도가 있다고 생각해봅시다.

사과
귤
자두
포도

이렇게 사물함을 모아서 〈과일〉이라는 이름을 붙입니다. 이 〈과일〉은 리스트가 되는 겁니다. 과일 리스트의 1번째 항목은 사과입니다.

항목은 사물함에 있는 것을 말합니다.

과일 리스트의 4번째 항목은 무엇일까요?

바로 포도입니다.

리스트가 어떤 것인지 잘 이해가 되죠?

과일 리스트	
순서	항목
1	사과
2	귤
3	자두
4	포도

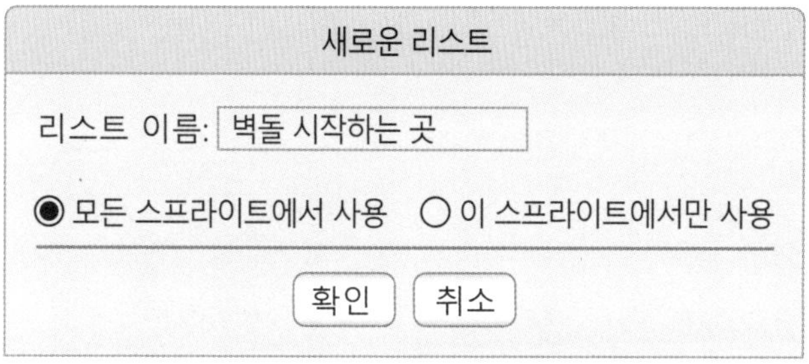

새로운 리스트

리스트 이름: 벽돌 시작하는 곳

◉ 모든 스프라이트에서 사용 ○ 이 스프라이트에서만 사용

확인 취소

그림 2-46 리스트 만들기

〈데이터 & 블록추가〉를 보면 〈리스트 만들기〉가 있습니다. 〈벽돌 시작하는 곳〉이라는 리스트를 만듭니다.

[벽돌 x값]이라는 리스트를 만들고 -240을 저장합니다.

그리고 리스트에 있는 것을 모두 삭제합니다. 모두 삭제를 하지 않으면 리스트에 다른 정보가 계속 저장되어서 리스트가 길어집니다.

삼각형 표시가 있으니 여기를 클릭하여 모두를 선택합니다.

그림 2-47 리스트에서 항목 모두 삭제하기

그림 2-48과 같이 코딩을 하면 벽돌의 x값을 저장한 리스트가 생깁니다.

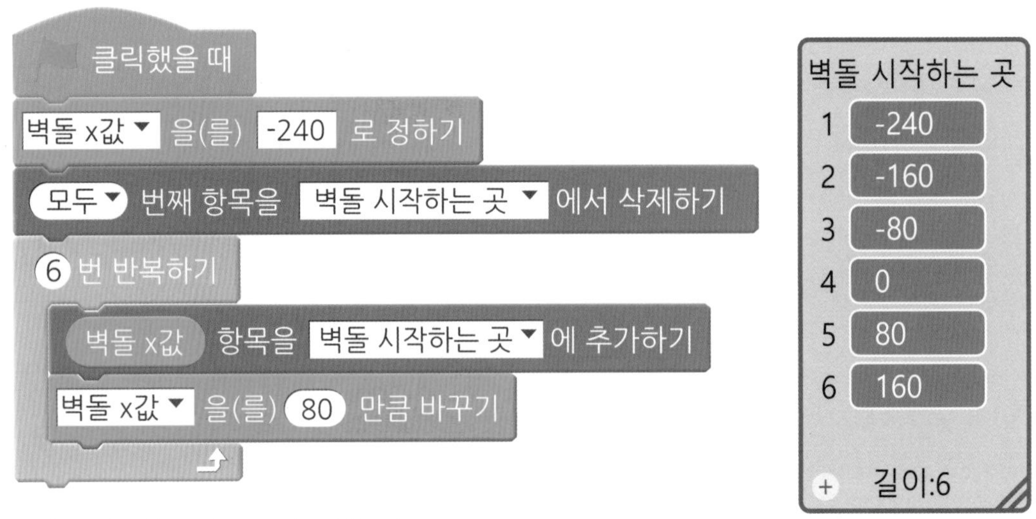

그림 2-48 벽돌 x값으로 리스트 만들기

그럼 벽돌이 어떻게 나오게 하면 될까요? 〈복제하기〉와 〈난수〉를 이용하면 쉽게 코딩을 할 수 있습니다.

초음파 센서를 이용한 게임 만들기와 같습니다. 그 게임에서는 장애물을 만들고 그 장애물을 복제해서 게임을 만들었습니다. 이 게임도 마찬가지입니다. 벽돌을 하나 만들고 이것을 복제를 하는데 〈난수〉를 이용하는 것입니다.

우선 자기 자신은 숨겨서 보이지 않게 하고 복제를 최소 1번, 최대 6번 합니다.

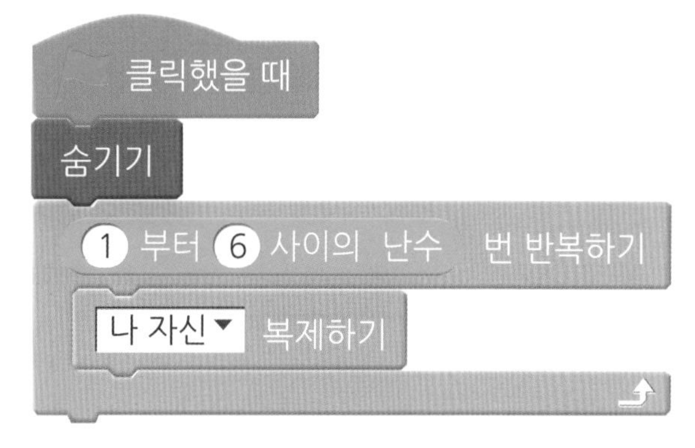

그림 2-49 난수로 복제하기

복제가 되었을 때 〈벽돌 시작하는 곳〉 리스트에서 있는 항목에서 1번부터 6번 중 아무거나 하나 갖고 옵니다.

그림 2-50 난수로 위치 정하기

예를 들어 2번째 항목을 가지고 오면 복제된 벽돌은 -160으로 이동합니다. 그리고 무대에서 보입니다.

벽돌 시작하는 곳	
순서	항목
1	-240
2	-160
3	-80
4	0
5	80
6	160

그리고 복제된 벽돌은 공에 닿으면 없어지게 됩니다.

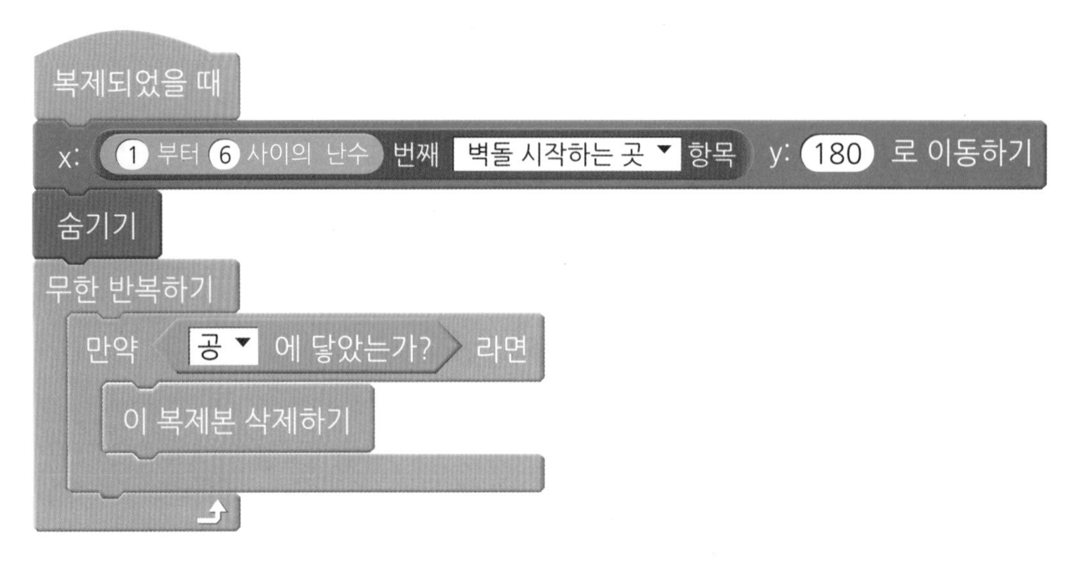

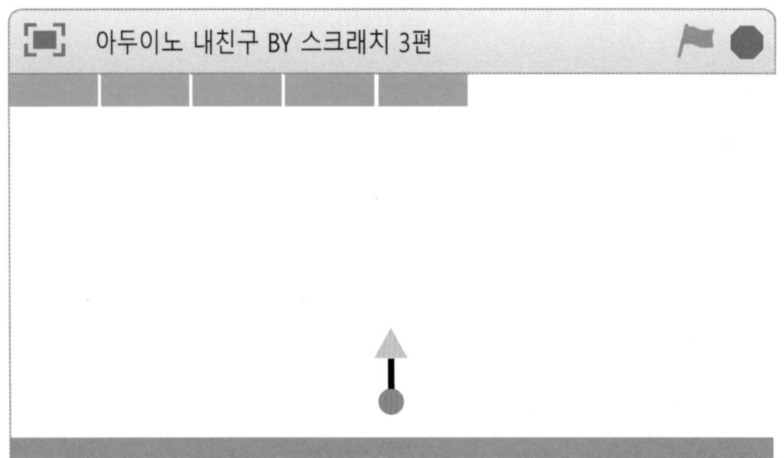

그림 2-51 공에 닿으면 복제본 삭제하기

공은 벽돌에 닿으면 어떻게 움직여야 할까요?

공이 벽돌에 닿으면 방향을 바꿔줘야 합니다.
(180–방향)으로 방향을 바꾸면 됩니다.

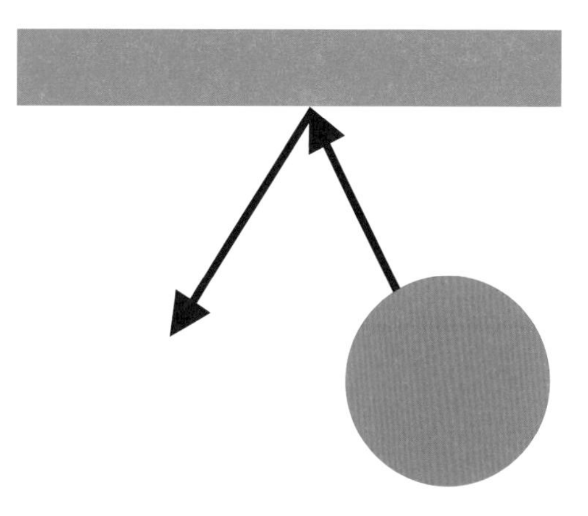

그림 2–52 공이 튕기는 방향

예를 들어 공의 방향이 –45도라고 생각해봅시다. 0도면 위쪽으로 날아가고 180도이면 아래쪽으로 날아갑니다.(노란색 선)
방향 값이 커지면 시계방향으로 회전하고, 방향 값이 작으면 시계 반대 방향으로 회전합니다.
노란색 선 위를(방향이 0일 때) 기준으로 했을 때 시계방향(또는 시계 반대 방향)으로 회전한 만큼, 노란색 선 아래(방향이 180일 때)에서 시계 반대 방향(또는 시계방향)으로 회전해야 합니다.

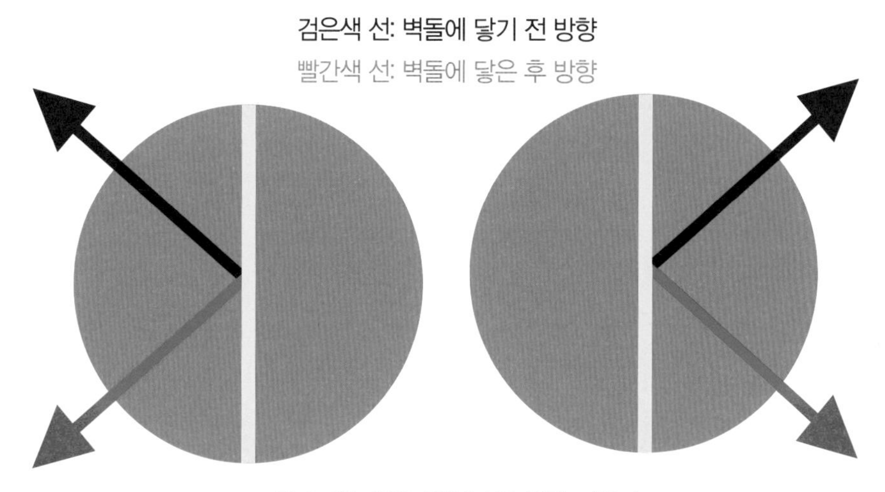

그림 2–53 (180–방향)으로 방향 바꾸기

공이 날아가다가 다시 바닥에 닿으면 남아있던 벽돌은 내려오고 새로운 벽돌이 생겨야 합니다. 어떻게 하면 될까요?

변수를 이용하면 아주 쉽게 문제를 해결할 수 있습니다.

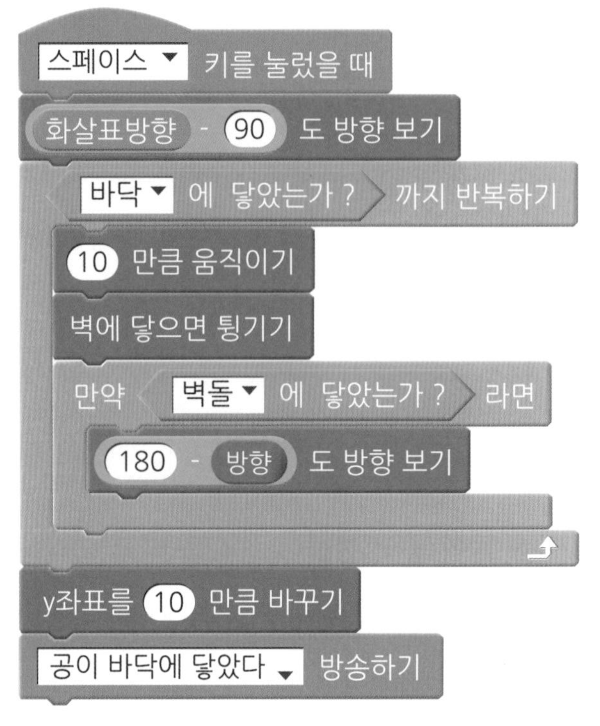

그림 2-54 벽돌에 닿았을 때 방향 바꾸기

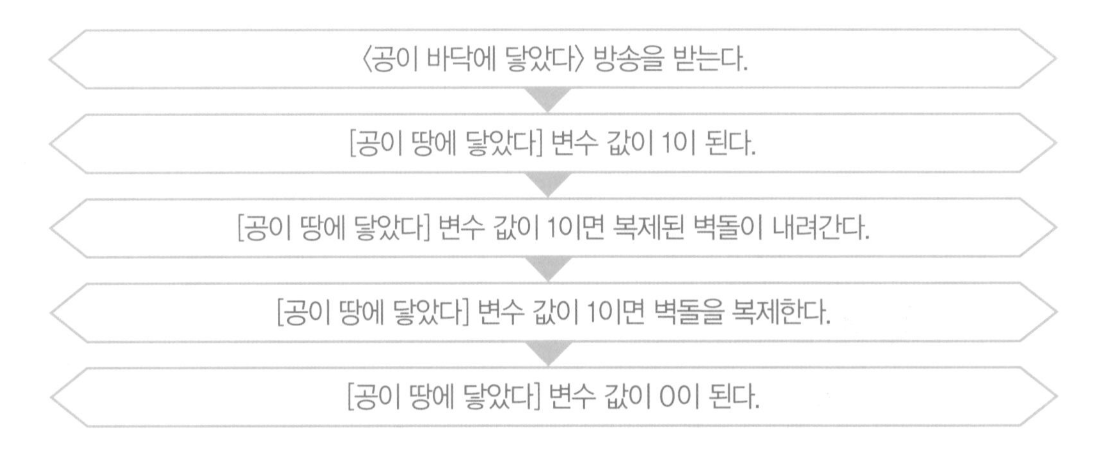

우선 벽돌이 내려가도록 코딩을 하겠습니다.

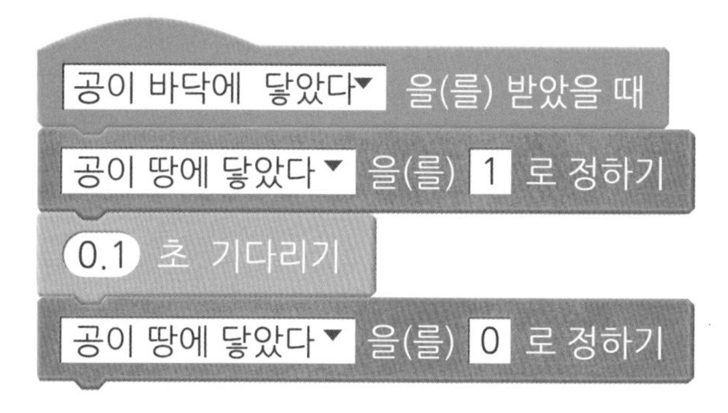

그림 2-55 [공이 땅에 닿았다] 변수 값 바꾸기

[공이 땅에 닿았다] 변수 값이 1이 되었다가 다시 0이 되는 겁니다. 마치 스위치를 켜고 끄는 것과 같습니다.

스위치가 켜지면(변수 값이 1) 벽돌이 내려가고 새로운 벽돌을 복제합니다.

스위치가 꺼지면(변수 값이 0) 벽돌이 내려가는 것을 멈추고 복제를 하지 않습니다.

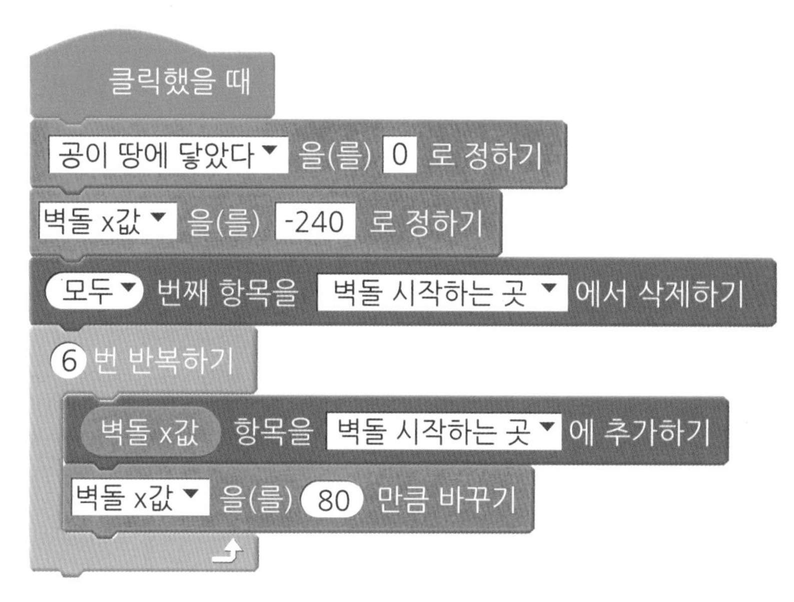

그림 2-56 [공이 땅에 닿았다] 변수 추가하기

그런데 그림 2-57처럼 코딩을 하면 문제가 생깁니다.

```
클릭했을 때
x: (1 부터 6 사이의 난수) 번째 벽돌 시작하는 곳 ▼ 항목 y: 180 로 이동하기
보이기
무한 반복하기
    만약 < 공 ▼ 에 닿았는가? > 라면
        이 복제본 삭제하기
    만약 < 공이 땅에 닿았다 = 1 > 라면
        y좌표를 -20 만큼 바꾸기
```

그림 2-57 y좌표를 -20만큼 바꾸기

벽돌이 너무 많이 내려오게 됩니다.

그림 2-58 너무 많이 내려온 벽돌

어떻게 문제를 해결할까요? 변수 값을 순식간에 바꾸는 겁니다. 아주 조금만 기다리는 것이죠. 이렇게 기다리는 시간을 아주 작게 하면 벽돌이 딱 20만큼만 내려오게 됩니다.

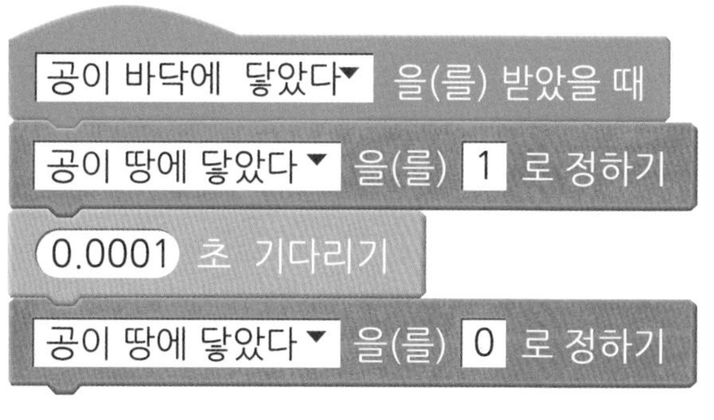

공이 바닥에 닿았다 을(를) 받았을 때
공이 땅에 닿았다 을(를) 1 로 정하기
0.0001 초 기다리기
공이 땅에 닿았다 을(를) 0 로 정하기
그림 2-59 짧은 시간만 기다리기

이제 벽돌을 새롭게 복제합니다.

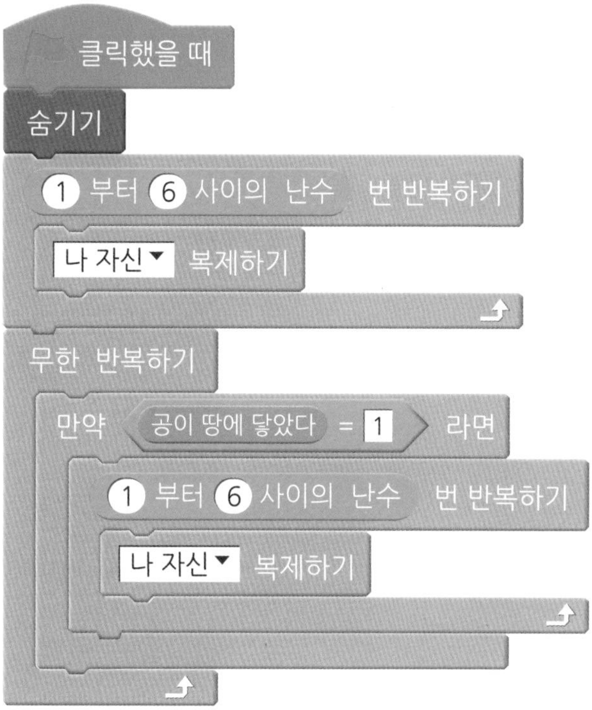

클릭했을 때
숨기기
1 부터 6 사이의 난수 번 반복하기
나 자신 복제하기
무한 반복하기
만약 공이 땅에 닿았다 = 1 라면
1 부터 6 사이의 난수 번 반복하기
나 자신 복제하기
그림 2-60 벽돌 복제하기

어때요? 참 쉽죠?

그렇다면 언제 게임이 끝날까요? 벽돌이 바닥에 닿으면 게임은 끝나게 됩니다.

그림 2-61처럼 〈게임 끝〉이라고 방송을 하고, 초음파 센서로 게임 만들기에서 공부했던 것처럼 몇 초 정도 기다리면 됩니다.

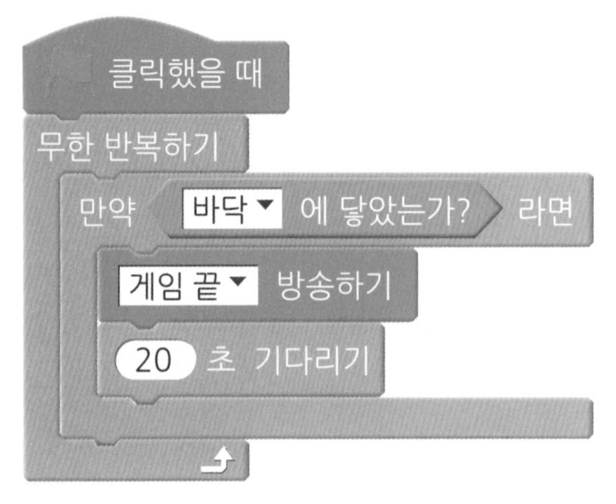

그림 2-61 〈게임 끝〉 방송하기

그리고 공, 화살표는 더 이상 움직이지 않도록 합니다.
공과 화살표에 그림 2-62와 같이 코딩을 합니다.
스크립트는 스프라이트에 내리는 명령어인데 다른 스크립트를 멈추면 앞에서 했던 명령어를 더 이상 하지 않게 됩니다.

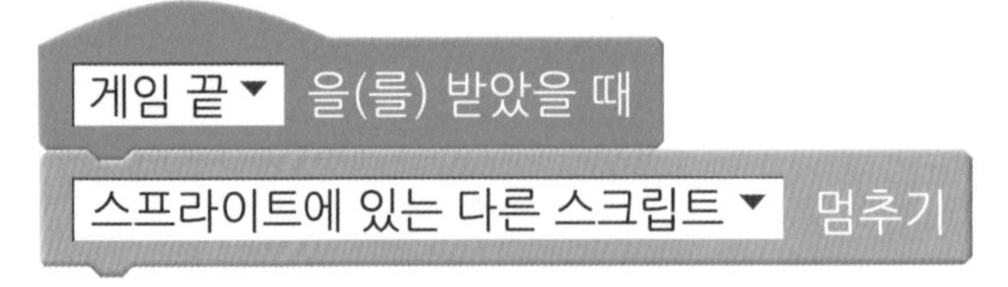

그림 2-62 스프라이트에 있는 다른 스크립트 멈추기

바닥에 닿았을 때 방송이 잘 안 되는 경우가 있습니다.
이럴 때는 y좌표 값을 이용하면 됩니다. 복제된 벽돌의 y좌표 값이 -140보다 작으면 바닥에 닿은 것이니 〈게임 끝〉 방송을 합니다.

그림 2-63 y좌표가 작으면 〈게임 끝〉 방송하기

게임이 끝나면 GAME OVER 글씨가 나오게 코딩을 하겠습니다.
글씨를 하나 쓰고 게임을 시작할 때는 숨깁니다.

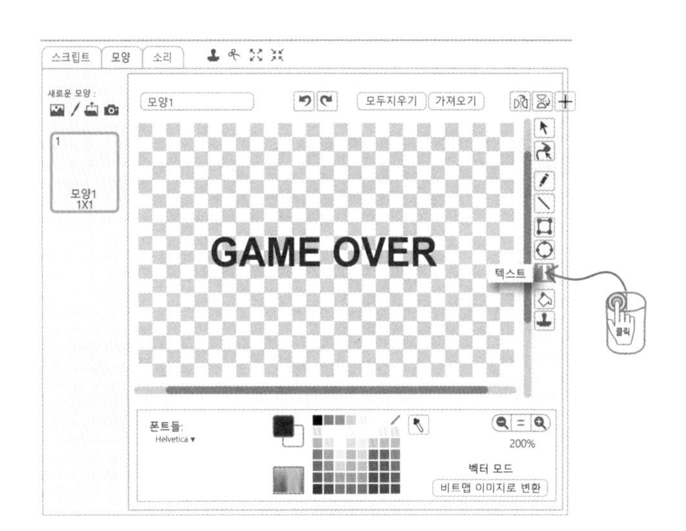

그림 2-64 스프라이트 숨기기

〈게임 끝〉 방송을 받으면 가운데로 이동하고 맨 앞으로 나와서 무대에 나타나게 합니다. 그리고 크기가 커졌다가 작아지는 것을 반복하도록 코딩을 합니다.

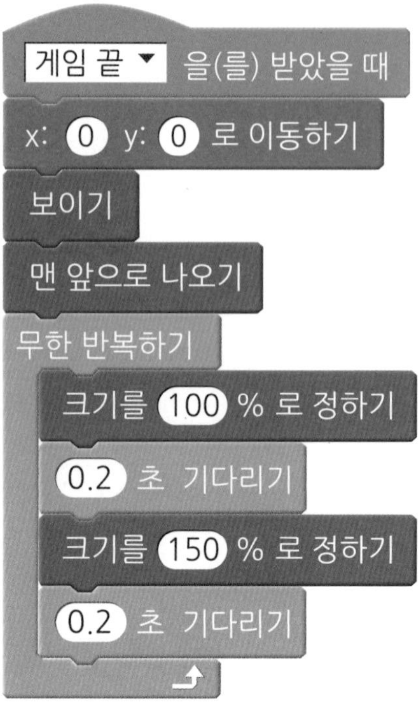

```
게임 끝 ▾ 을(를) 받았을 때
x: 0 y: 0 로 이동하기
보이기
맨 앞으로 나오기
무한 반복하기
    크기를 100 % 로 정하기
    0.2 초 기다리기
    크기를 150 % 로 정하기
    0.2 초 기다리기
```

그림 2-65 크기 바꾸기

게임 점수도 만들어 봅시다.

공을 선택하고 그림과 같이 코딩을 합니다.

공이 벽돌에 닿을 때마다 점수를 1씩 더해줍니다.

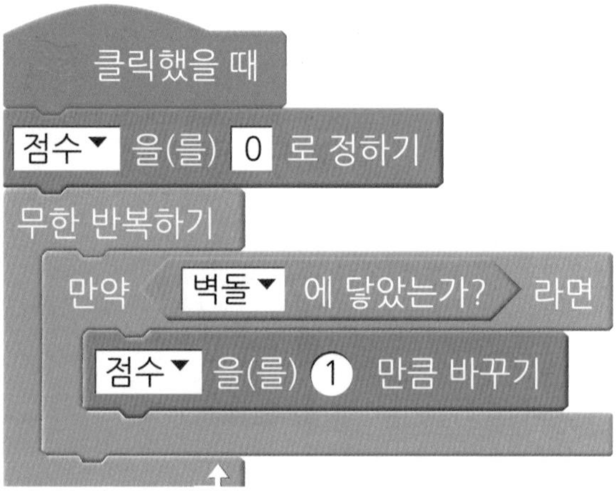

```
클릭했을 때
점수 ▾ 을(를) 0 로 정하기
무한 반복하기
    만약 벽돌 ▾ 에 닿았는가? 라면
        점수 ▾ 을(를) 1 만큼 바꾸기
```

그림 2-66 점수 만들기

그리고 효과음도 넣어줍니다.

배경음악까지 넣으면 더욱 멋진 게임이 됩니다.
배경을 선택하고 그림 2-68과 같이 코딩을 합니다.

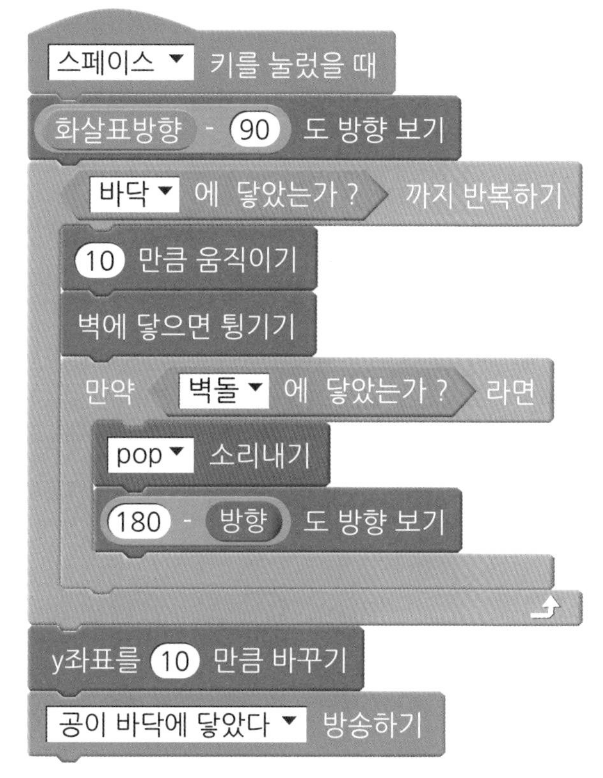

그림 2-67 효과음 넣기

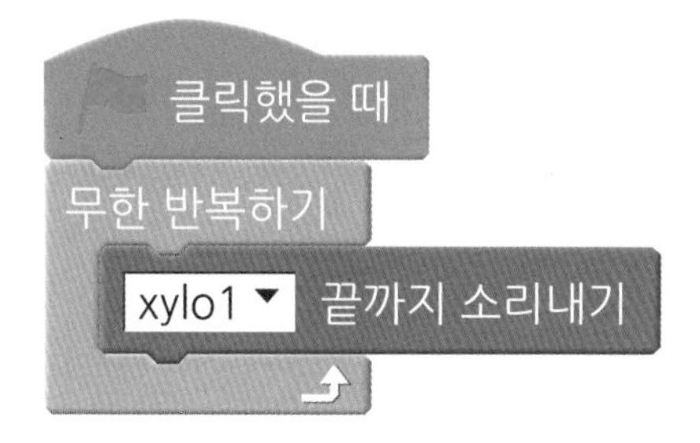

그림 2-68 배경음악 넣기

자, 마지막으로 화살표가 가리키는 방향으로 서보모터가 회전하게 코딩을 하겠습니다.

서보모터를 피더블유엠(PWM) 디지털 9번 핀과 연결합니다. 그리고 각도를 0으로 정합니다. 그리고 브래킷과 그림과 같이 연결합니다.

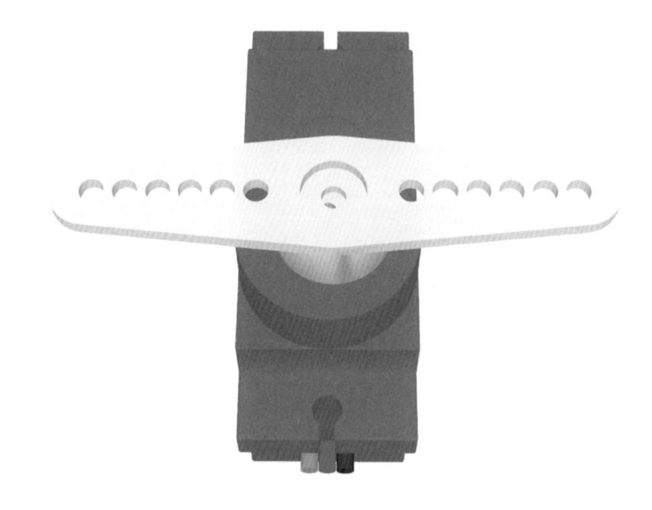

그림 2-69 서보모터 브래킷 연결하기

서보모터는 각도를 180-(화살표 방향 변수 값)으로 하면 화살표가 가리키는 방향으로 서보모터가 회전을 합니다.

서보모터 브래킷을 연결하는 방향에 따라서 각도를 다르게 정해줘야 합니다.

그림 2-70 서보모터 각도 설정하기

게임을 원하는 대로 잘 만들었나요?

책에 있는 내용을 잘 이해하고 차근차근 브릭 브레이커 볼 게임을 만들 수 있다면
여러분의 코딩 실력은 정말 많이 발전한 것입니다.
특히 리스트 부분은 여러 번 반복해서 읽기 바랍니다.

우리는 스크래치로 브릭 브레이커 볼 게임을 아주 멋지게 만들었습니다.
생각하는 힘이 점점 커지는 것을 느낄 수 있나요?

아두이노
내친구
by스크래치

ARDUINO ™

DIGITAL (PWM~)
ARDUINO
UNO
POWER
ANALOG IN

forever
imagine
program
share

03

똑똑한 아두이노 자율 주행 자동차

1. DC모터를 알아봐요
2. 모터 두 개를 연결해요
3. 아두이노 자율 주행 자동차를 조립해요 1
4. 아두이노 자율 주행 자동차를 조립해요 2
5. 자율 주행 자동차 코딩을 해요

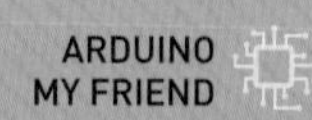

1 DC모터를 알아봐요

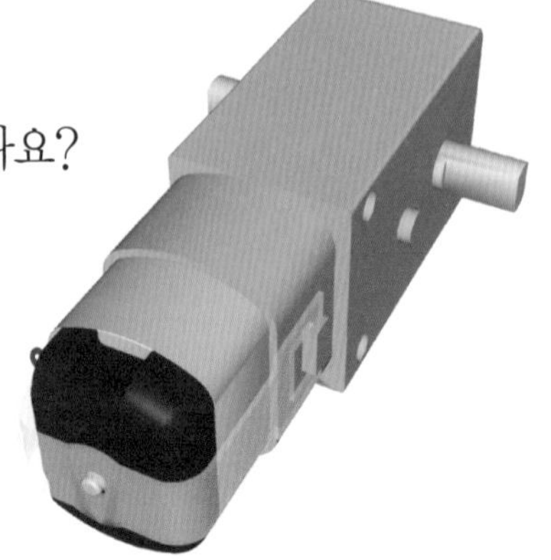

앞에서 서보모터를 소개하면서 배웠던 DC모터 기억하나요?
DC모터는 자동차 바퀴에 연결해서 사용합니다.
DC모터에 전기를 주면 모터가 회전하는 것입니다.
그렇다면 DC모터가 회전하는 원리는 무엇일까요?

그림 3-1 DC모터

2편에 배운 내용이지만, 2편을 보지 않지 않고 3편을 바로 본 분들을 위해서 쉽고 재미있게 설명하겠습니다.
DC모터는 영구 자석이 있고 그 가운데에 코일이 감겨 있습니다.
플레밍이라는 과학자가 자석과 전류를 연구하다가 신기한 법칙을 발견했습니다.
그것을 플레밍이 법칙이라고 합니다.

그림 3-2를 보면 가운데 있는 것이 코일입니다. 코일 양 끝이 정류자라는 반달 모양의 금속과 연결되어 있습니다.
오른손을 이용하여 자석과 전류가 서로 어떤 방향으로 힘을 만드는지 알 수 있습니다. 전류는 플러스 극에서 마이너스 극으로 흐릅니다. 그리고 자석의 힘은 N극에서 S극으로 나갑니다.

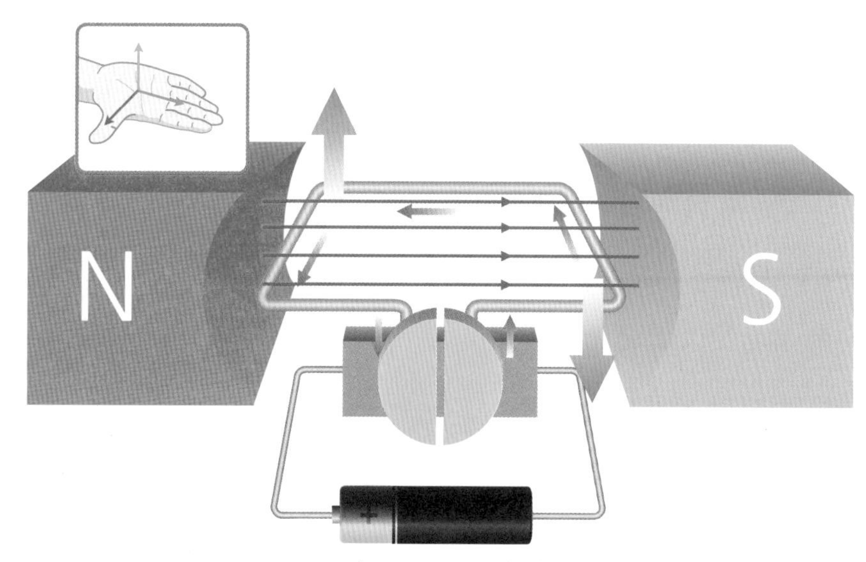

그림 3-2 오른손의 법칙

전류가 나가는 방향은 엄지손가락으로 가리킵니다. 자석의 힘이 나가는 방향은 나머지 네 손가락으로 가리킵니다.

이렇게 외우면 잘 기억납니다. 먼저 주먹을 쥡니다. 엄지를 피면서 '전!(전류의 방향〈+극에서 -극으로〉' '나머지 네 손가락을 펴면서 자!(자석 힘의 방향〈N극에서 S극으로〉)' '손바닥에 힘을 주면서 력!(힘의 방향)' 이렇게 전자력으로 모터가 회전하는 것입니다.

그렇다면 모터의 회전방향을 바꾸기 위해서는 어떻게 하면 될까요?

건전지의 방향을 바꿔주면 됩니다. 그러면 전기가 반대로 흐르고 모터가 반대로 움직이게 됩니다.

어때요? 참 쉽죠?

그런데 이 모터는 전기를 많이 사용합니다. 아두이노에서 나오는 5V 전압은 부족할 수 있습니다. 그래서 필요한 부품이 바로 모터 드라이버 모듈입니다.

이 책에서는 모터에 가장 적합한 L9110S 모터 드라이버 모듈을 사용했습니다. 모듈은 여러 개의 전자부품들을 어떤 목적에 맞도록 하나의 제품으로 만든 것을 말합니다.

오른쪽 그림이 L9110S 모터 드라이버 모듈입니다.

그림 3-3 모터 드라이버

모터 드라이버 모듈과 모터를 아두이노와 연결해서 모터를 회전시켜 봅시다. 회로를 만들기 위해서 L9110S 모터 드라이버 모듈의 6개 핀을 자세히 살펴봅시다.

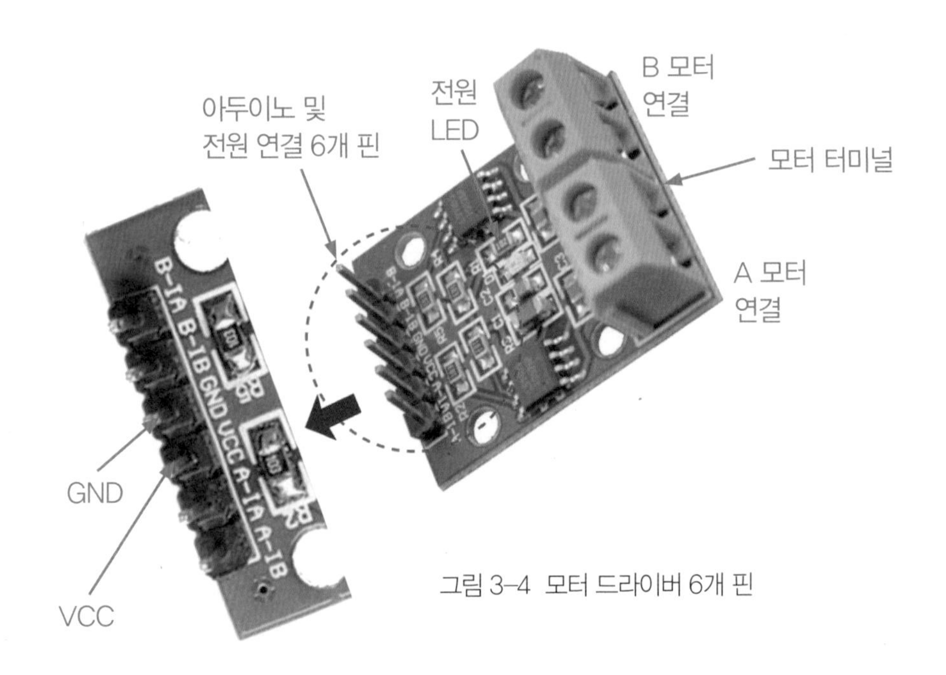

그림 3-4 모터 드라이버 6개 핀

전자부품에 전기가 통하기 위해서는 플러스 극, 마이너스 극과 연결해야 하는 부분이 필요합니다. 가운데에 있는 VCC와 GND 핀은 많이 보던 핀이죠?
VCC는 플러스 극과 연결하고 GND는 마이너스 극과 연결합니다.
나머지는 핀은 무엇일까요? 모터를 회전시키기 위해서 연결하는 곳입니다. 모터 하나를 회전시키기 위해서 핀 2개가 필요합니다.
위쪽에는 B-IA와 B-IB 핀이 있습니다. 모터를 움직이기 위해서는 피더블유엠(PWM) 디지털 핀 2개와 연결해야 합니다. 전압을 다르게 줘서 바퀴의 회전속도를 바꿔야 하기 때문입니다.
아래쪽에는 A-IA와 A-IB 핀이 있습니다. 마찬가지로 모터를 움직이기 위해서 피더블유엠(PWM) 디지털 핀 2개와 연결해야 합니다.

L9110S 드라이버 모듈과 모터를 연결할 수 있게 만든 터미널이 4개가 있습니다.
터미널을 보면 나사가 있습니다.
터미널을 보면 선을 끼울 수 있는 구멍이 있는데 여기에 모터 선을 연결하고 나사를 돌리면 쉽게 연결할 수 있습니다.
이 나사를 돌릴 때는 부품 상자에 있는 드라이버를 사용하면 됩니다.

빨간색으로 표시한 터미널은 빨간색으로 표시한 핀이, 파란색으로 표시한 터미널은 파란색으로 표시한 핀이 조종하는 것입니다.

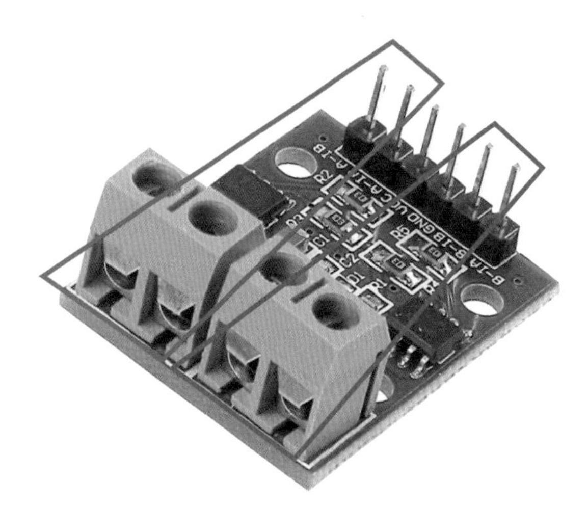

그림 3-5 모터 드라이버 왼쪽-오른쪽 부분

회로가 제대로 연결이 되면 모터 드라이버 모듈의 전원 엘이디(LED)가 켜집니다.

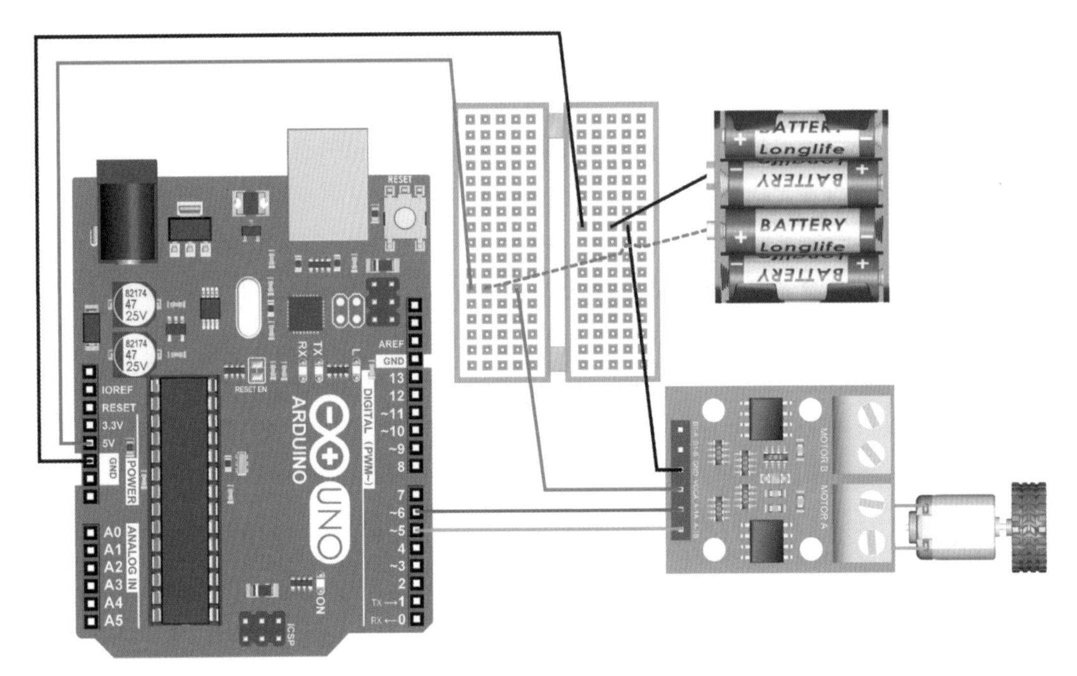

그림 3-6 모터 연결하기

회로를 만들 때 이렇게 생각하면 편합니다.

전자부품은 각각 전기를 필요로 합니다. 그래서 건전지과 병렬로 연결합니다. 즉, 배터리에서 전기가 나오면 아두이노, 모터 드라이버 모듈로 각각 전기를 보냅니다. 그러니 다른 부품은 크게 신경 쓰지 않아도 됩니다. 다른 부품은 없다고 생각하고 전기가 플러스 극에서 나와서 자신이 연결 중인 부품으로 흐르고 마이너스 극으로 잘 들어가면 됩니다.

각각의 부품이 전원과 잘 연결되면 모든 부품이 연결되는 것입니다.

플러스 극, 마이너스 극과 연결해야 할 것을 각각 모아서 브레드보드에 연결하면 쉽게 회로를 만들 수 있습니다.

❶ 먼저 배터리를 브레드보드와 연결합니다.

그림의 배터리 연결을 보면 빨간색 점선으로 되어 있습니다. 이것은 프로그램을 업로딩하고 나중에 연결하라는 뜻입니다. 업로딩할 때 컴퓨터에서 오는 전기와 배터리에서 오는 전기가 서로 충돌하여 업로딩을 방해할 수 있기 때문입니다. 일단은 검은색 선인 마이너스 극만 브레드보드에 연결합니다.

❷ 아두이노 5V는 배터리의 플러스 극(+)과 연결되게 수-수 점퍼 케이블로 연결합니다.

아두이노 그라운드(GND) 핀은 배터리의 마이너스 극(-)과 연결합니다.

❸ 모터 드라이버를 연결합니다.

모터 드라이버의 VCC는 배터리의 플러스 극(+)과 연결합니다. 그라운드(GND)는 배터리의 마이너스 극과 연결합니다.

❹ 지금부터 매우 매우 중요한 내용입니다. 모터와 모터 드라이버를 제대로 연결해야 합니다. 〈그림 3-7〉

모터에는 빨간색 선과 검은색 선이 있습니다. 전자회로에서 빨간색은 플러스, 검은색은 마이너스를 뜻합니다. 터미널 1, 3번은 마이너스 극과 연결하고, 터미널 2, 4번은 플러스 극과 연결합니다. 터미널 3번과 모터의 검은색 선을 연결합니다. 터미널 4번과 모터의 빨간색 선을 연결합니다. 나중에 순서를 바꾸면 모터가 반대로 돌아가니 엄청나게 헷갈립니다. 반드시 이 순서를 지켜서 연결해주세요. (기억하기 쉽게 검, 빨, 검, 빨)

모터에 따라서 선의 색깔이 다른 경우가 있습니다. 이럴 때는 일단 이 책에 나온 대로 코딩을 합니다.

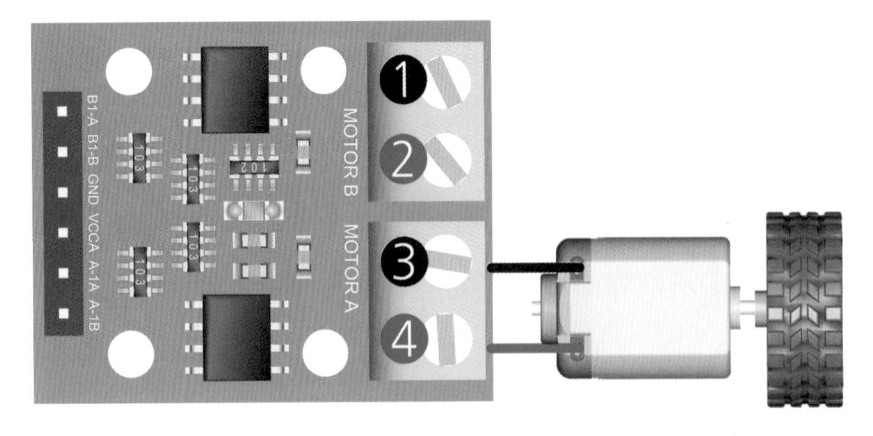

그림 3-7 터미널과 모터 연결하기

자신의 원하는 방향으로 움직인다면 제대로 연결합니다. 만약 반대로 움직인다면 플러스 극과 마이너스 극을 서로 바꿔서 연결한 것입니다.

바퀴는 선이 없는 쪽에 연결합니다.

바퀴를 연결할 때 많이 하는 실수를 합니다. 바퀴를 선이 있는 쪽에 연결하는 경우가 것이죠.
모터를 잘 보면 구멍이 있는데 이것은 자동차 몸체와 연결하기 위한 것입니다.

그림 3-8 선 반대쪽에 바퀴 연결하기

바퀴를 반대 쪽 막대와 연결하면 바퀴가 반대방향으로 회전하게 되고, 자동차 몸체와의 연결도 힘듭니다.
나중에 모터와 자동차 몸체를 이렇게 연결한다는 것을 머릿속에 기억하고 바퀴를 연결합시다.

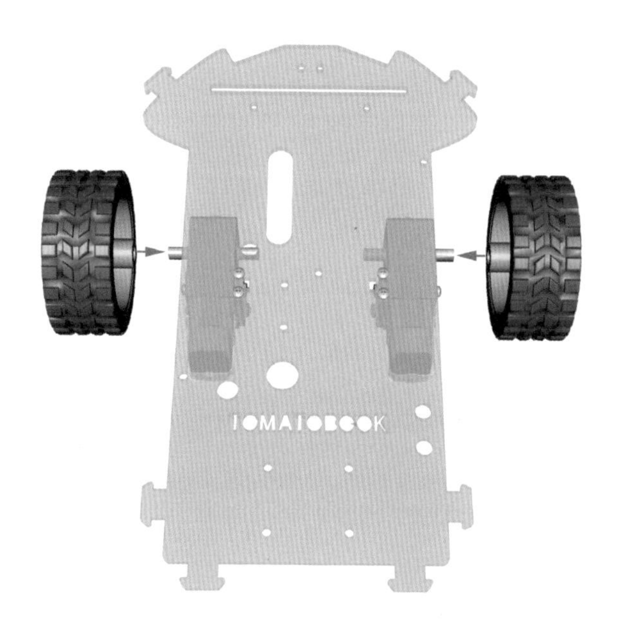

그림 3-9 바퀴 2개 연결할 때 모습

❺ 또 하나 매우 매우 중요한 내용입니다.

터미널과 모터를 연결할 때 먼저 터미널의 나사를 풉니다. 그리고 모터의 은색 핀 부분을 넣고 터미널의 나사를 조입니다. 〈그림 3-10〉

이때 모터의 핀 부분이 너무 짧거나 핀을 너무 깊게 넣으면 모터가 움직이지 않습니다. 핀 부분이 너무 짧으면 가위 등을 이용해서 전선의 고무 부분을 잘 벗겨냅니다. 그리고 핀을 너무 깊게 넣지 않고 나사를 조여서 선이 빠지지 않게 합니다.

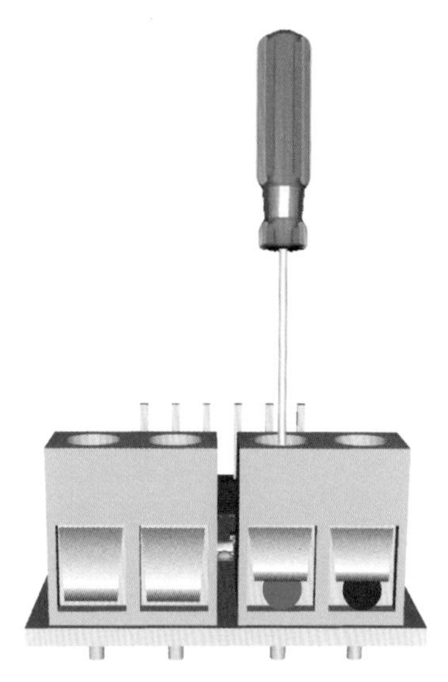

그림 3-10 드라이버로 연결하기

❻ 그리고 A-IA 핀, A-IB 핀과 PWM 디지털 핀을 연결합니다.

A-IA에 전압을 주고 A-IB에는 전압을 주지 않으면 모터(MOTOR) A터미널에 연결된 모터가 회전합니다. 바퀴 쪽으로 봤을 때 모터가 시계방향으로 회전합니다.

표로 한 번 정리해 보겠습니다.

A-IA	A-IB	모터 움직임
HIGH(전압을 줌)	LOW(전압을 주지 않음)	시계 방향으로 회전한다.
LOW(전압을 주지 않음)	HIGH(전압을 줌)	시계 반대 방향으로 회전한다.
LOW(전압을 주지 않음)	LOW(전압을 주지 않음)	멈춘다.

나중에 모터를 하나 더 연결할 때도 마찬가지입니다. 모터(MOTOR) B 터미널과 연결하는데 다음과 같이 전압을 다르게 주면 모터가 다르게 움직입니다.

B-IA	B-IB	모터 움직임
HIGH(전압을 줌)	LOW(전압을 주지 않음)	시계 방향으로 회전한다.
LOW(전압을 주지 않음)	HIGH(전압을 줌)	시계 반대 방향으로 회전한다.
LOW(전압을 주지 않음)	LOW(전압을 주지 않음)	멈춘다.

그림 3-11처럼 항상 바퀴를 보면서 어떤 방향으로 회전하는지 살펴봅시다.

그림 3-11 시계방향으로 회전

프로그램을 업로딩 했을 때 모터가 원하는 방향대로 움직이지 않는다면 모터를 터미널에 반대로 연결하거나 디지털 핀을 서로 바꿔서 연결하거나 바퀴를 반대쪽으로 연결한 것입니다.

A-IA 핀은 피더블유엠(PWM) 5핀과 연결합니다. A-IB 핀은 피더블유엠(PWM) 6핀과 연결합니다. 그림 3-12와 같이 코딩하고 업로딩을 해보겠습니다.

피더블유엠(PWM) 5번 핀으로 100 값을 보내고, 피더블유엠(PWM) 6번 핀으로 0 값을 보내면 모터가 시계방향으로 회전합니다.
255 값을 보내면 최대 속도로 회전합니다.

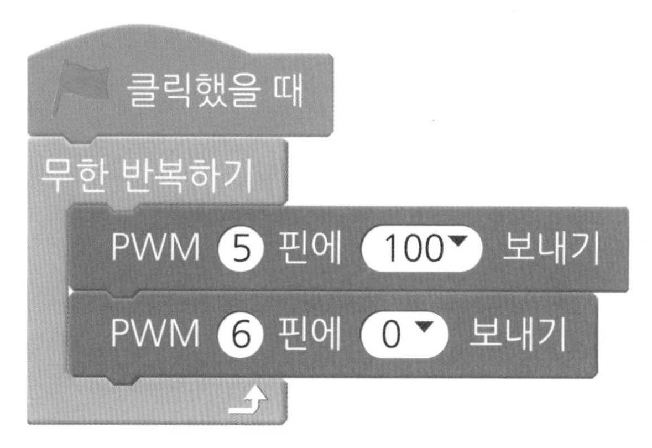

그림 3-12 시계방향으로 회전하게 코딩하기

잘 움직이는지 확인하기 위해서 프로그램을 업로딩 합니다.
그리고 배터리를 연결해서 충분한 전기가 흐르게 합니다. 모터가 시계방향으로 잘 움직이나요?
배터리를 연결하지 않는다고 모터가 움직이지 않는 것은 아닙니다. 컴퓨터에서 나오는 전기로 모터가 어느 정도 움직일 수 있습니다. 코딩이 잘 되었나 확인할 때는 굳이 배터리를 연결하지 않아도 됩니다. 하지만 모터를 빨리 회전시키려면 배터리를 연결해야 합니다. 충분하게 전기를 줘야 모터가 빠르게 회전하기 때문이죠.

모터를 시계 반대 방향으로 회전시키려면 어떻게 하면 될까요? 앞에서 했던 것과 반대로 코딩을 하면 되지 않을까요?

참 쉽죠? 이렇게 생각하는 힘이 중요합니다.

그림 3-13 시계 반대 방향으로 회전하게 코딩하기

그림처럼 둘 다 0 값을 보내면 (전압을 보내지 않으면) 모터가 멈춥니다.

그림 3-14 모터 멈추게 코딩하기

정말 어려운 내용을 잘 해결했습니다. 이 부분이 자율 주행 자동차를 만들 때 정말 어려운 부분입니다.

처음 보는 내용을 배우면 머리가 아픈 것은 자연스러운 일입니다. 이해가 될 때까지 계속해서 읽기를 바랍니다.

열정을 갖고 꾸준히 반복하여 읽다보면 어느 순간 탁 이해가 될 것입니다.

모터 두 개를 연결해요

자율 주행 자동차를 만들 때 두 개의 DC모터가 필요합니다.

그림 3-15 모터 2개 연결하기

'빨간색은 플러스, **검은색은 마이너스**'

전자회로를 만들 때 보물과 같은 지식입니다.

모터의 플러스 극은 5V와 연결하고 모터의 마이너스 극은 GND와 연결합니다.

그리고 그림 3-16처럼 모터 드라이버 모듈의 핀과 아두이노의 피디블유엠(PWM) 디지털 핀을 연결합니다. 다음 표를 보고 연결합니다.

	모터(MOTOR) A		모터(MOTOR) B	
	A-IA	A-IB	B-IA	B-IB
연결하는 디지털 핀	5번	6번	9번	10번

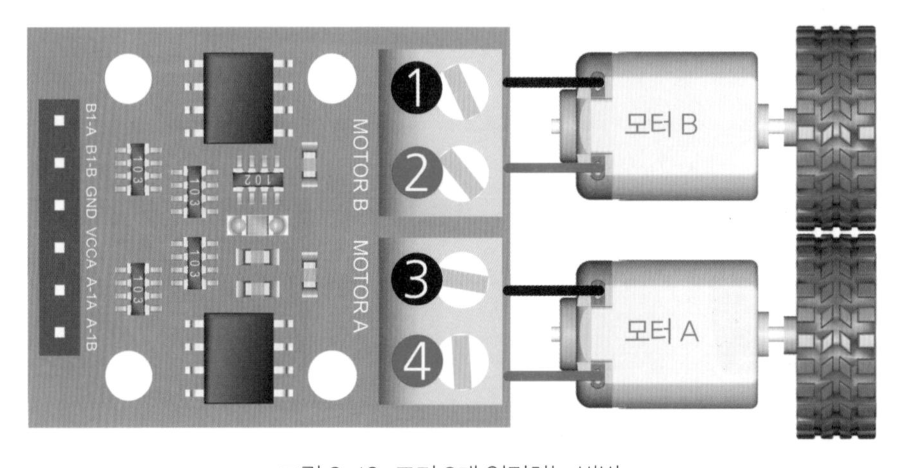

그림 3-16 모터 2개 연결하는 방법

'A-IA의 A가 A-IB의 B보다 알파벳순으로 먼저이다. 따라서 5, 6중 더 먼저인 5번 핀과 연결한다.'

어때요? 이렇게 이해하니 참 쉽죠?

만약 모터(MOTOR) A와 연결된 5번 핀으로 전압을 주고, 6번 핀으로 전압을 주지 않으면 어떻게 될까요?

그림 3-17처럼 바퀴를 봤을 때 모터가 시계방향으로 회전합니다.

그림 3-17 시계방향으로 회전

항상 바퀴를 보면서 어떤 방향으로 회전하는지 살펴본다는 것!
중요한 내용이니 다시 한번 기억해 주세요.

모터 2개를 사용해서 자동차처럼 움직여 보겠습니다. 자동차는 어떻게 움직일까요? 생각나는 대로 적어 봅시다.

- 앞으로 움직인다.
- 뒤로 움직인다.
- 왼쪽으로 움직인다.
- 오른쪽으로 움직인다.
- 멈춘다.

이렇게 5가지 경우를 생각할 수 있습니다. 이 5가지 경우에 바퀴가 각각 어떻게 움직이는지 생각하면서 코딩을 해봅시다.

모터 두 개를 그림 3-18처럼 두고 생각해 보겠습니다.
디지털 5, 6번과 연결된 모터(MOTOR) A는 오른쪽 바퀴입니다. 모터 드라이버 모듈에 A라고 적혀 있습니다.
디지털 9, 10번과 연결된 모터(MOTOR) B는 왼쪽 바퀴입니다.

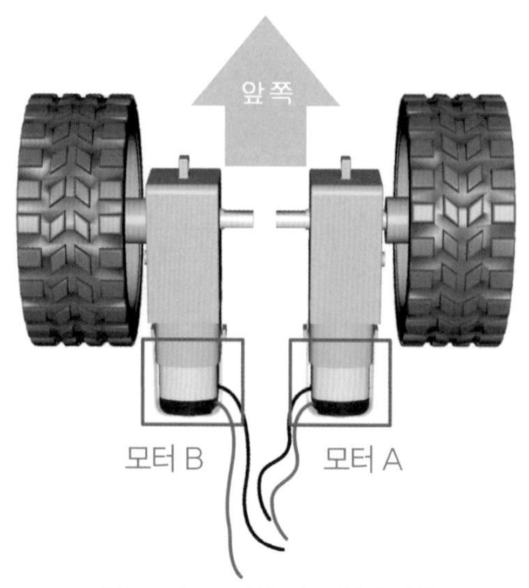

그림 3-18 모터와 바퀴 연결 방향

문제를 하나씩 해결해 봅시다.
먼저 앞으로 움직이도록 코딩하겠습니다. 모터(MOTOR) A(오른쪽)와 모터(MOTOR) B(왼쪽)는 어떻게 움직여야 할까요?

모터를 그림 3-19처럼 둔 상태에서 곰곰이 생각해봅시다.
오른쪽 모터는 시계방향, 왼쪽 모터는 시계 반대 방향으로 회전하면 됩니다. 따라서 오른쪽 모터와 연결된 피더블유엠(PWM) 디지털 5번 핀으로 전압을 주고 피더블유엠(PWM) 디지털 6번 핀으로는 전압을 주지 않습니다.
왼쪽 모터와 연결된 피더블유엠(PWM) 디지털 9번 핀으로 전압을 주지 않고 피더블유엠(PWM) 디지털 10번 핀으로는 전압을 줍니다.

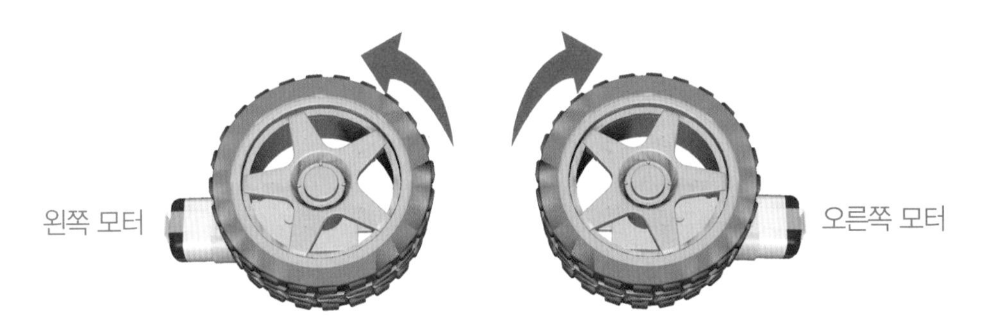

그림 3-19 앞으로 움직이기

	오른쪽 모터(모터 A)		왼쪽 모터(모터 B)	
	A-IA(5번)	A-IB(6번)	B-IA(9번)	B-IB(10번)
회전하는 방향	시계 방향		시계 반대 방향	
보내는 값	HIGH (전압을 준다.)	LOW (전압을 주지 않는다.)	LOW (전압을 주지 않는다.)	HIGH (전압을 준다.)

그림 3-20처럼 코딩을 하면 앞으로 움직입니다.

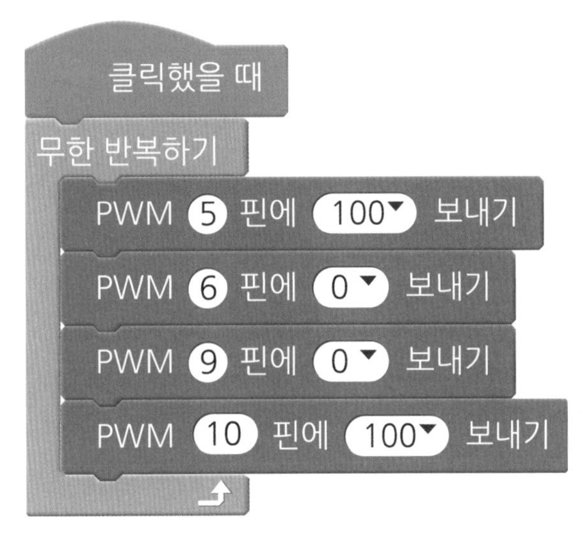

그림 3-20 앞으로 움직이게 코딩하기

함수로 코딩을 하면 더 좋겠죠?

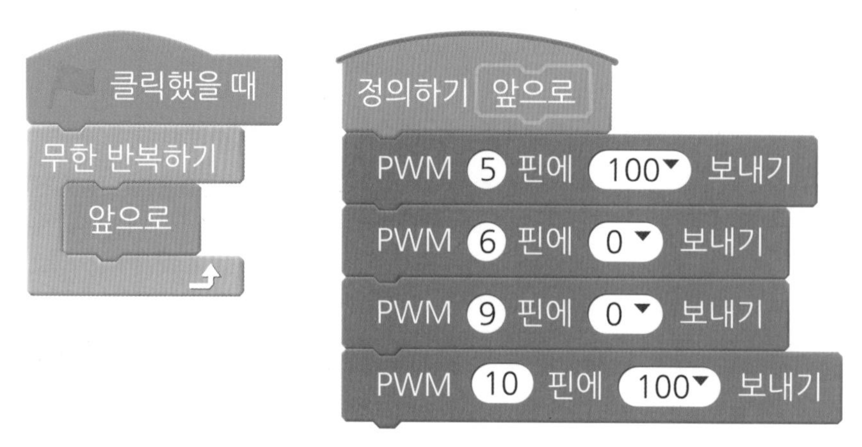

그림 3-21 함수를 이용하여 코딩하기

자동차가 움직이는 나머지 4가지 경우는 다음 그림과 같습니다.

그림 3-22 움직이는 방향에 따라서 달라지는 모터의 회전 방향

잘 보면 앞으로 움직이는 것과 뒤로 움직이는 경우는 서로 반대입니다. 왼쪽과 오른쪽으로 움직이는 것도 마찬가지입니다. 한 가지 경우를 잘 알면 반대의 경우도 쉽게 코딩할 수 있습니다.

5가지 경우를 모두 코딩하면 그림과 같습니다.

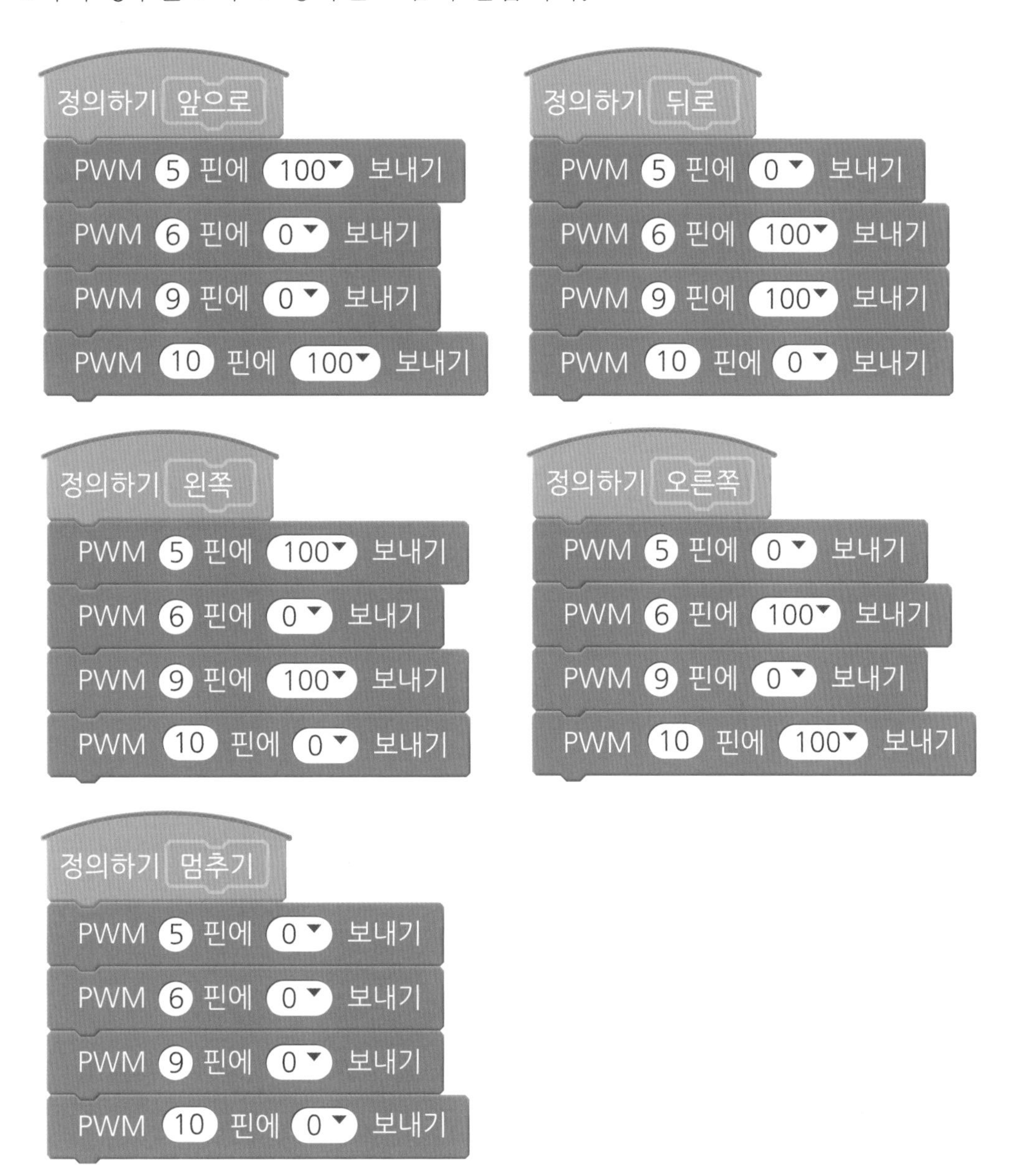

그림 3-23 움직이는 방향 5가지 경우 코딩하기

그림 3-24와 같이 코딩하고 모터가 잘 회전하는지 테스트해봅시다.

그림 3-24 테스트하기

모터가 2개라서 생각하는 것이 조금 어려울 수 있습니다.

하지만 시간을 갖고 천천히 생각하면 반드시 이해가 될 것입니다.

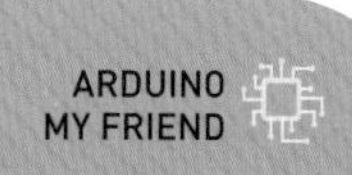

3 아두이노 자율 주행 자동차를 조립해요 1

아두이노 자율 주행 자동차를 직접 조립해 보겠습니다.

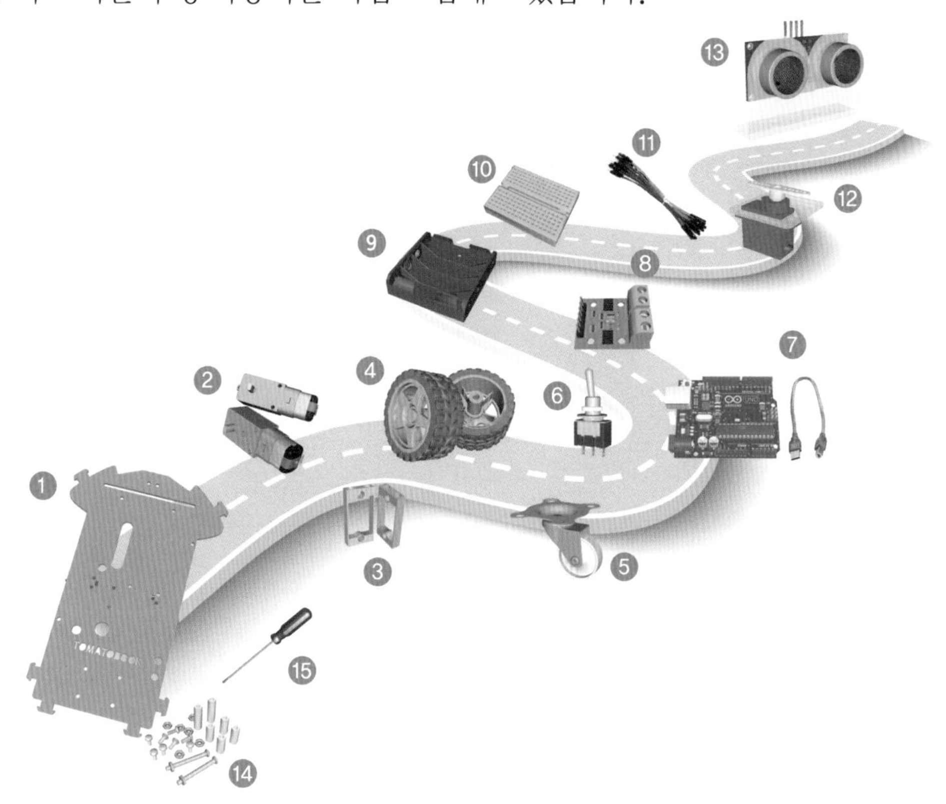

그림 3-25 자율 주행 자동차 부품

① 차체 아크릴 판 1개 ② 기어 장착 모터 2개 ③ 모터 브래킷 2개 ④ 앞 타이어 2개
⑤ 뒷바퀴 1개 ⑥ 토글스위치 1개 ⑦ 아두이노 우노 R3 1개 및 USB 케이블 1개(1권 키트 항목)
⑧ L9110S 모터 드라이버 1개 ⑨ 배터리 팩 1개 ⑩ 미니 브레드보드 1개 ⑪ 점퍼 케이블
⑫ 서보모터 세트 1개 ⑬ 초음파 센서 1개 ⑭ 서포트 및 볼트와 너트들 ⑮ 드라이버

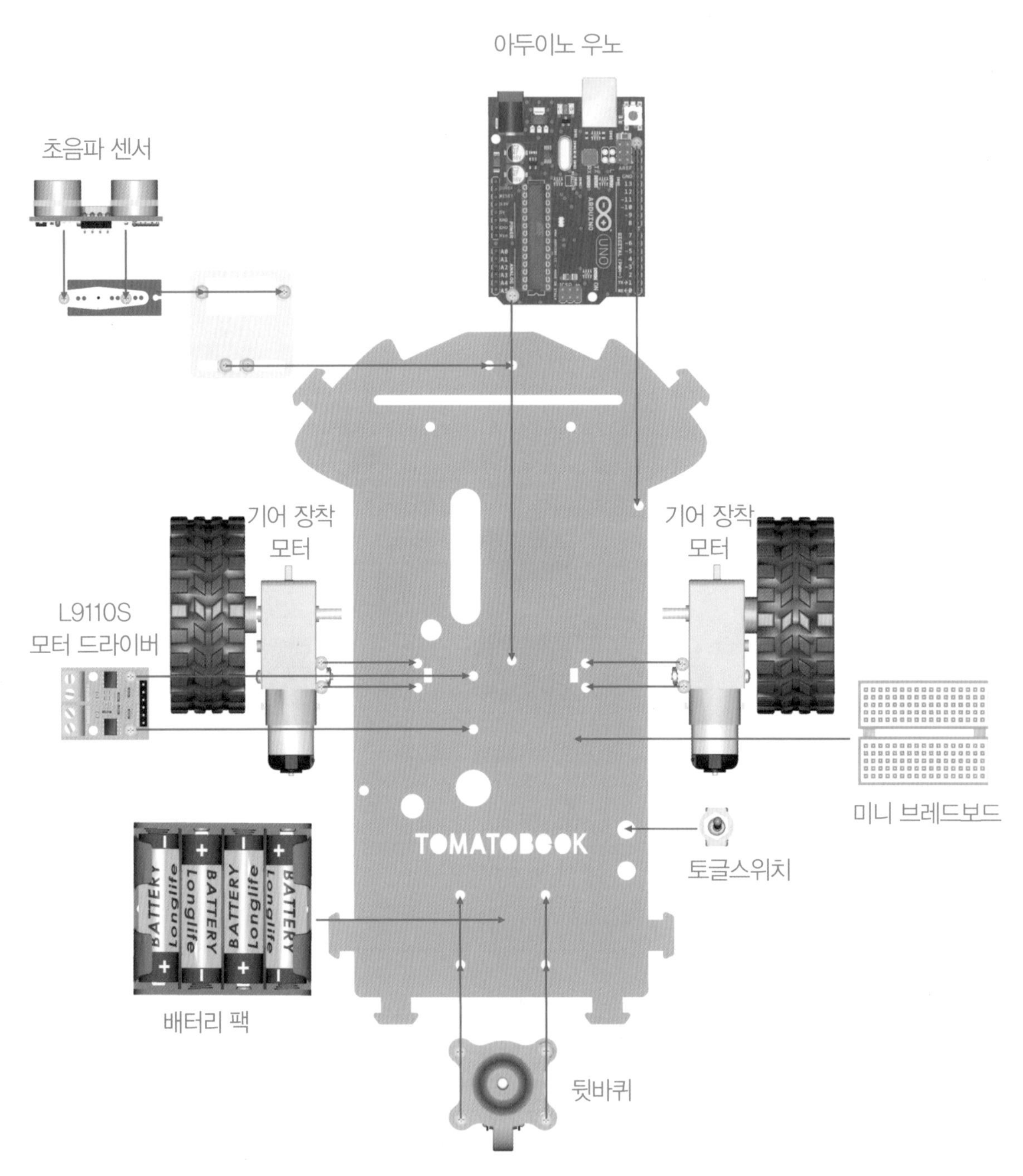

그림 3-26 부품을 연결하는 자리

조립할 때 완성된 그림 3-26을 보고 전체적인 모습을 생각해야 합니다. 먼저 자동차를 움직일 수 있도록 모터를 조립해 봅시다. 여기서 브래킷을 사용해야 합니다. 브래킷은(Bracket)은 버팀대 또는 받침대란 뜻입니다.
브래킷은 모터를 자동차 몸체인 아크릴판과 고정해줍니다.

먼저 모터 A(오른쪽 모터)와 다른 부품을 연결하여 조립합니다. 그림 3-27과 같이 긴 볼트 2개를 모터의 노란 플라스틱에 있는 구멍과 브래킷 구멍으로 동시에 통과시키고 너트를 조여서 고정시킵니다. 가끔씩 브래킷을 뒤집어서 연결하는 경우가 있습니다. 브래킷에 구멍이 있는데 이 구멍이 자동차 몸체와 연결하는 부분입니다. 그래서 이 구멍이 위를 향하도록 연결해야 합니다.

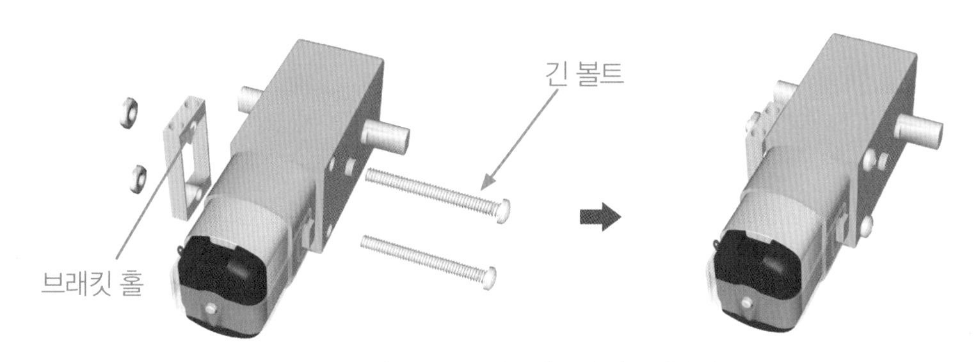

그림 3-27 모터 A에 브래킷 고정하기

같은 방법으로 모터 B(왼쪽 모터)도 연결합니다.
그림 3-28과 같이 모터 선이 안쪽에 있도록 연결하면 됩니다.

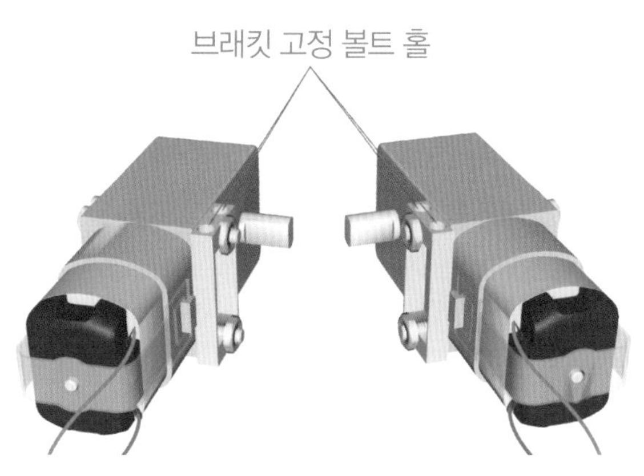

그림 3-28 모터 B 브래킷 고정하기

자동차 몸체인 아크릴 판에 있는 보호 필름을 벗겨냅니다. 그리고 그림 3-29와 같이 연결합니다.

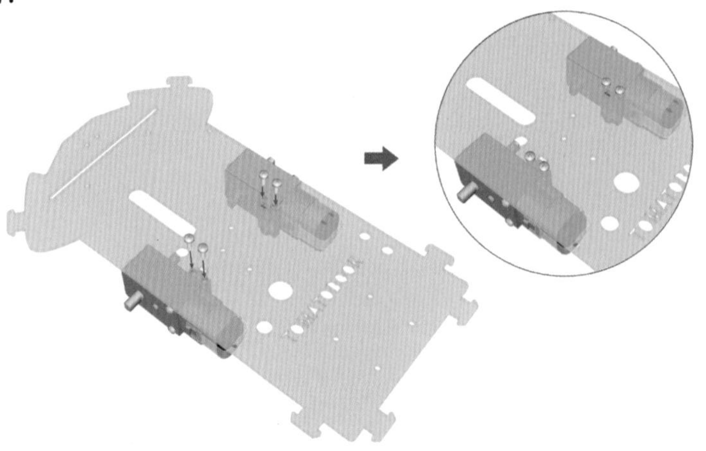

그림 3-29 모터를 아크릴 판에 고정하기

바퀴를 연결할 때 아크릴 판을 뒤집어서 연결하는 경우가 있습니다.
그림 3-30은 나중에 아두이노를 연결할 구멍을 보여주고 있습니다.
아크릴판을 위에서 봤을 때 그림과 같이 보여야 합니다. 그렇지 않으면 나중에 아두이노를 아크릴판과 연결하기 힘듭니다. 그러면 다시 바퀴를 연결해야 하니, 절대로 아크릴 판을 뒤집어서 바퀴와 연결하지 않도록 합니다.

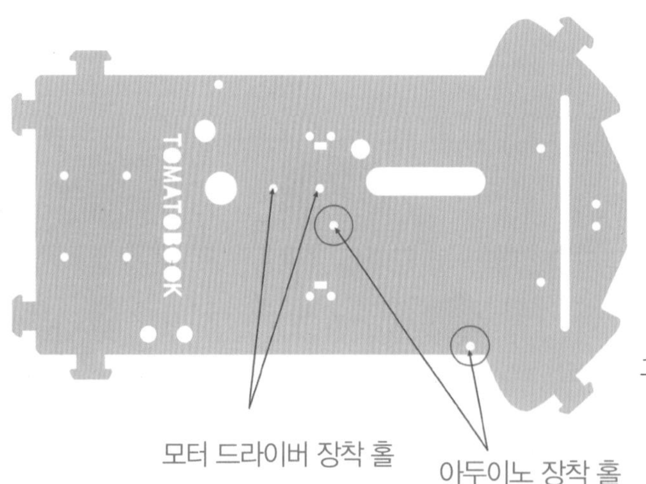

그림 3-30 자동차 몸체 구멍 위치

짧은 볼트로 모터와 아크릴판을 연결합니다.
그리고 그림 3-31처럼 바퀴와 모터를 연결합니다. 네모난 모양의 구멍에 잘 맞춰서 연결하고 힘을 약간 주어서 바퀴가 쏙 들어가게 합니다.

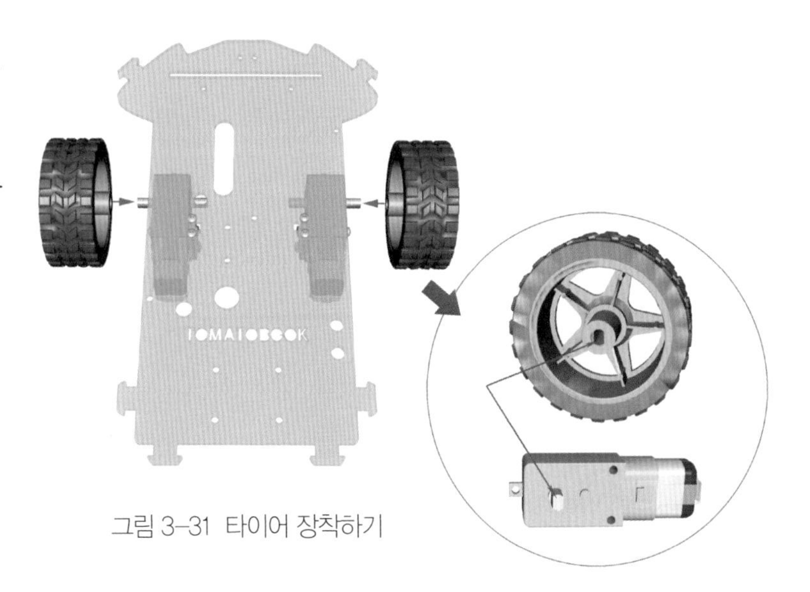

그림 3-31 타이어 장착하기

서포터를 사용하여 그림 3-32처럼 뒷바퀴를 아크릴판과 연결합니다. 서포터를 빼고 조립을 하는 경우가 종종 있습니다. 서포터는 막대 모양으로 받침대 역할을 합니다. 서포터가 없이 뒷바퀴를 연결하면 자동차의 뒤쪽이 아래로 내려가서 무게 중심이 잘 안 맞게 됩니다. 반드시 서포터 4개를 이용해서 뒷바퀴를 자동차 몸체와 연결해야 합니다.

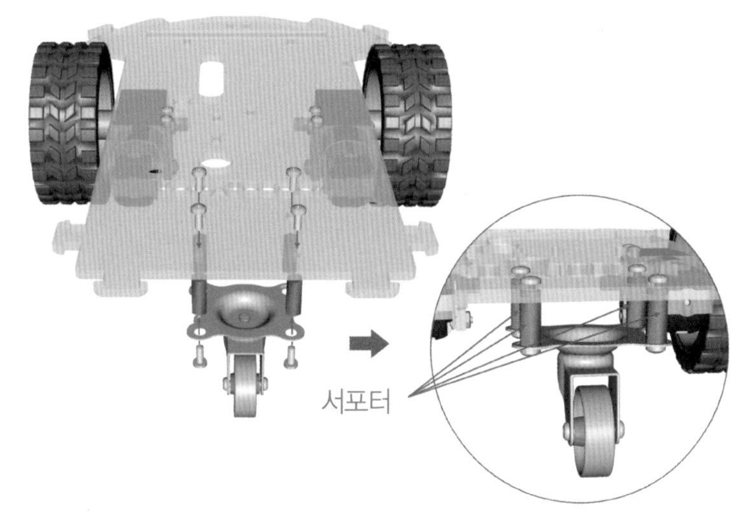

그림 3-32 뒷바퀴 연결

그리고 그림 3-33과 같이 토글스위치를 연결합니다.
토글스위치를 사용하면 전기를 흐르거나 흐르지 않게 할 수 있습니다.

그림 3-33 토글스위치 연결

양면테이프를 그림 3-34와 같이 뒷바퀴를 고정했던 볼트 사이에 붙이고 그 위에 배터리 팩을 연결합니다.

나머지 부품들을 연결할 충분한 공간이 나오게 배터리 팩 붙입니다. 그리고 배터리 팩 전선이 가운데로 오게 붙여서 브레드보드와 연결하기 쉽게 합니다.

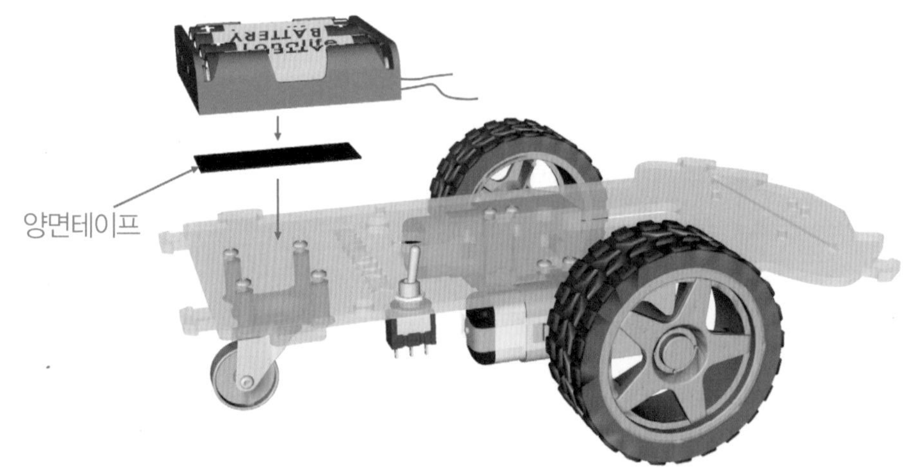

그림 3-34 배터리 팩 연결

그림 3-35와 같이 서포터 2개를 이용해서 아두이노와 아크릴판을 연결합니다. 서포터가 없이 그냥 나사를 조이면 아두이노 보드가 망가질 수 있습니다. 아두이노 뒷면을 보면 은색으로 납땜한 것을 볼 수 있습니다. 서포트를 이용해서 이 부분이 아크릴판과 닿지 않게 합니다.

USB 포트 옆에 있는 구멍에 연결하고 대각선 방향에 있는 다른 구멍과도 연결합니다.

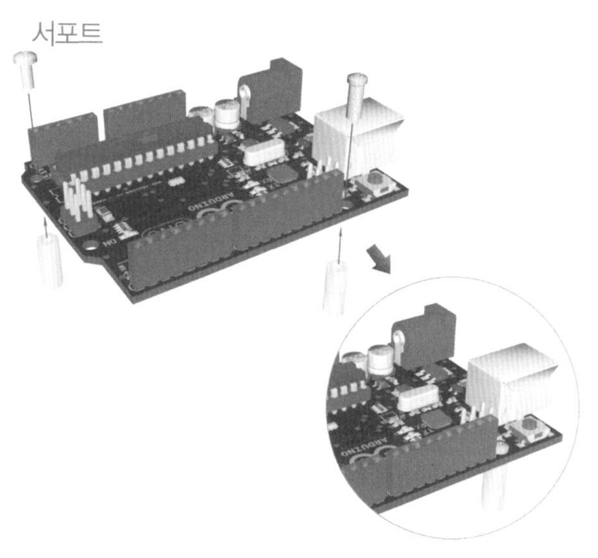

그림 3-35 서포터로 아두이노 연결

아두이노 보드와 연결하는 구멍을 잘 보고 그림 3-36처럼 아두이노 보드를 아크릴판에 연결합니다. 아두이노 보드가 오른쪽 바퀴 가깝게 있어야 합니다.

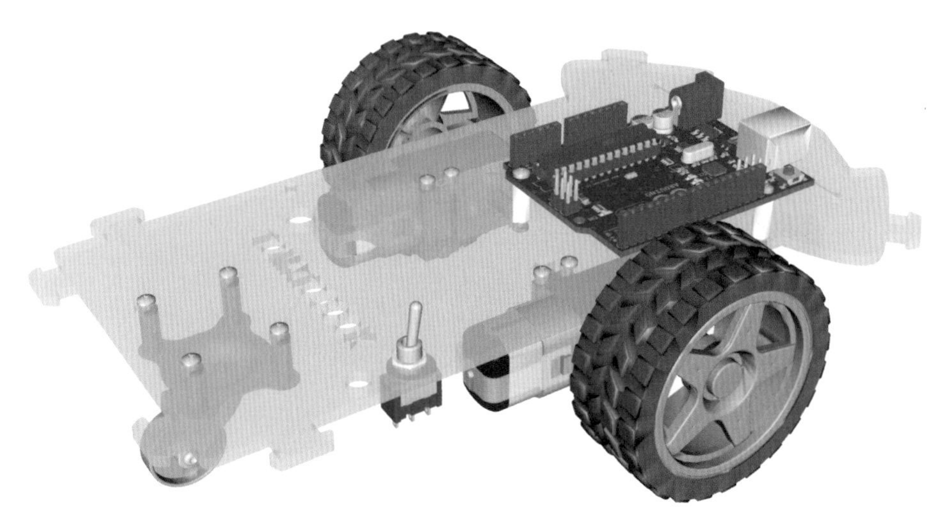

그림 3-36 아두이노 보드 연결

그림 3-37처럼 모터 드라이버 모듈도 서포터를 이용해서 연결합니다.

그림 3-38처럼 모터 선을 연결하는 터미널이 왼쪽 바퀴 쪽을 향하도록 연결합니다.

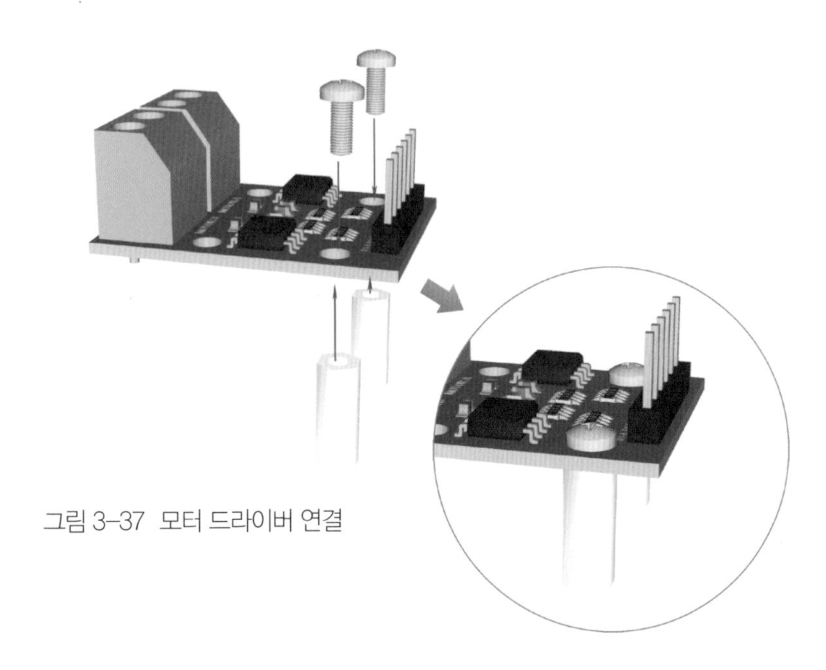

그림 3-37 모터 드라이버 연결

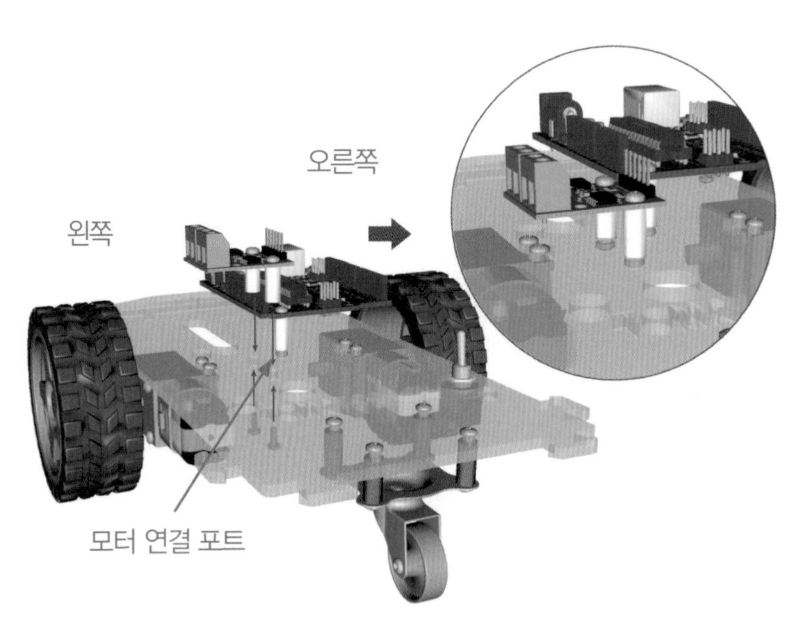

그림 3-38 모터 드라이버 위치

그리고 미니 브레드보드 뒷면의 얇은 필름을 벗겨내고 그림 3-39와 같이 붙입니다.

그림 3-39 미니 브레드보드 연결

그리고 그림 3-40처럼 서보모터와 아크릴판을 연결합니다. 볼트와 너트를 잘 사용하여 단단하게 고정합니다.

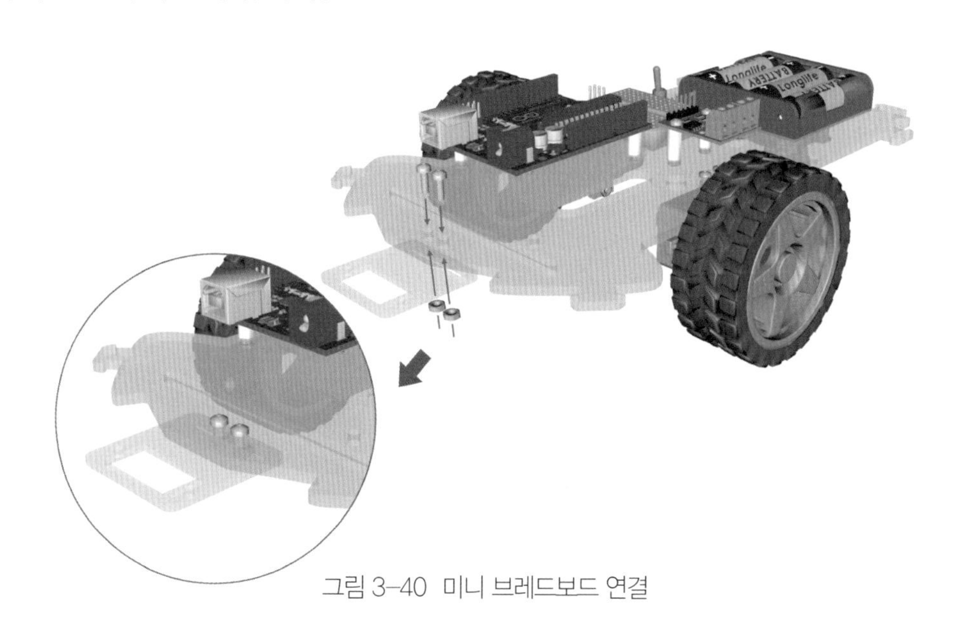

그림 3-40 미니 브레드보드 연결

그리고 그림 3-41처럼 서보 모터 브래킷을 연결합니다. 나중에 다 조립을 하고 코딩을 하면서 이 부분을 떼었다 붙였다 해서 방향을 잘 맞춰야 합니다. 방향이 잘못되면 코딩을 잘해도 모터가 이상한 방향으로 회전하기 때문입니다.

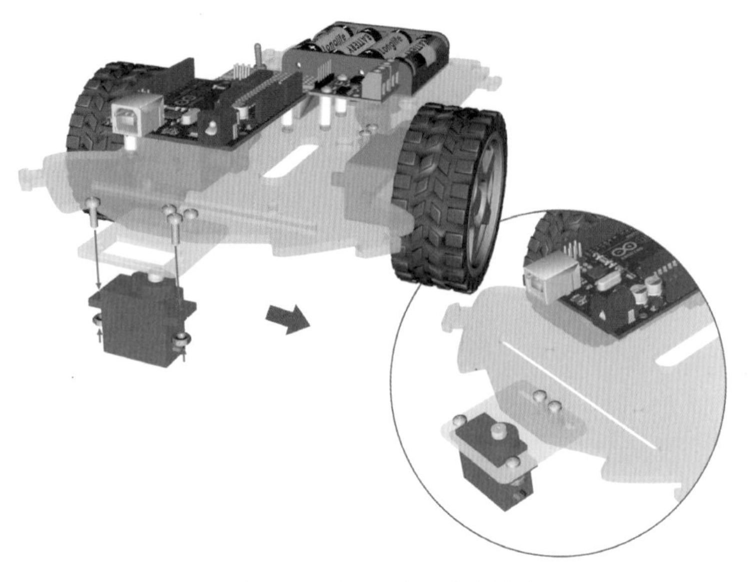

그림 3-41 서보모터 브래킷 연결

그림 3-42처럼 센서 홀더에 초음파 센서를 연결하고 센서 홀더를 서보모터 브래킷과 연결합니다. 센서 홀더와 서보모터 브래킷를 연결할 때 볼트와 너트를 잘 이용해서 연결합니다. 잘 연결되면 그림 3-43과 같은 모양이 됩니다.

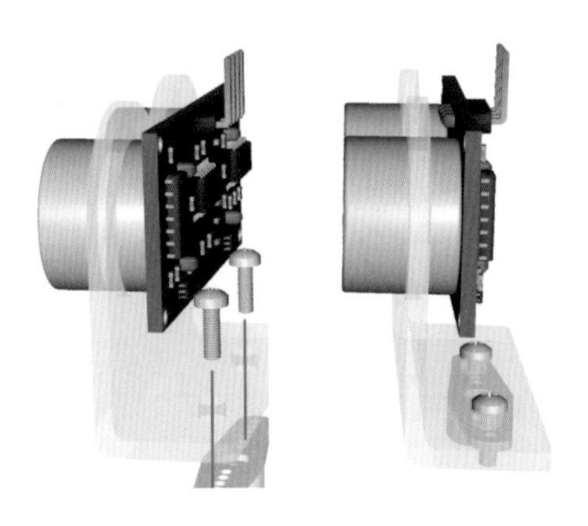

그림 3-42
센서 홀더, 초음파 센서, 서보모터 브래킷 연결

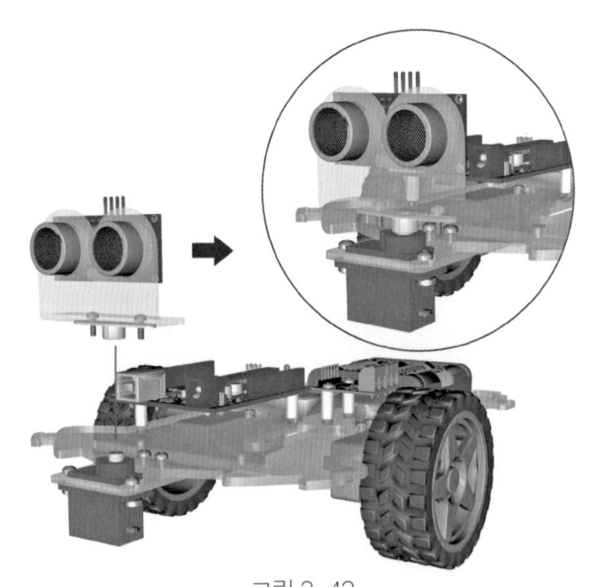

그림 3-43
센서 홀더, 초음파 센서, 서보모터 브래킷 연결 완성

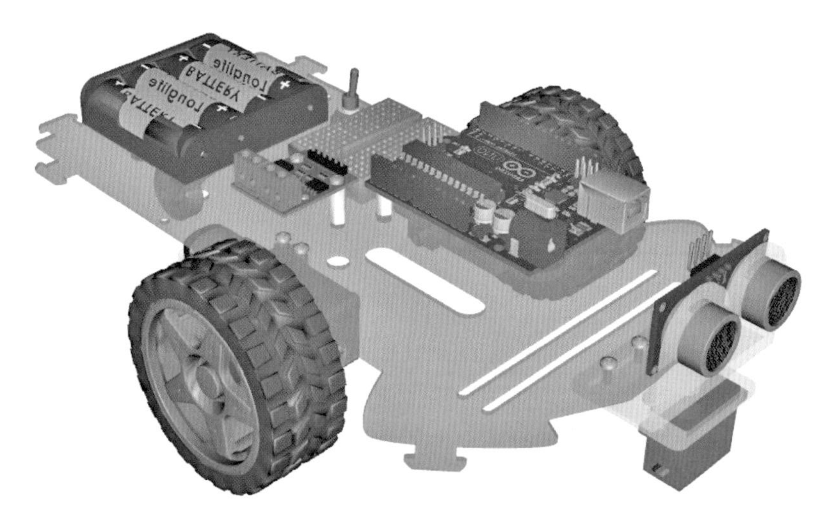

그림 3-44 완성된 자동차 모습

자~ 멋지게 자동차를 조립했습니다. 어때요? 참 쉽죠?

전체적인 모습과 각 부품의 역할을 생각하면서 조립하면 더욱 쉽게 조립할 수 있습니다.

이제 전자회로를 만들어 볼까요?

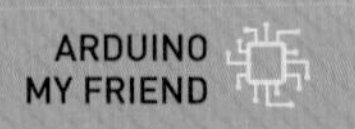

4 아두이노 자율 주행 자동차를 조립해요 2

전체적인 회로 모습을 한 번 볼까요?

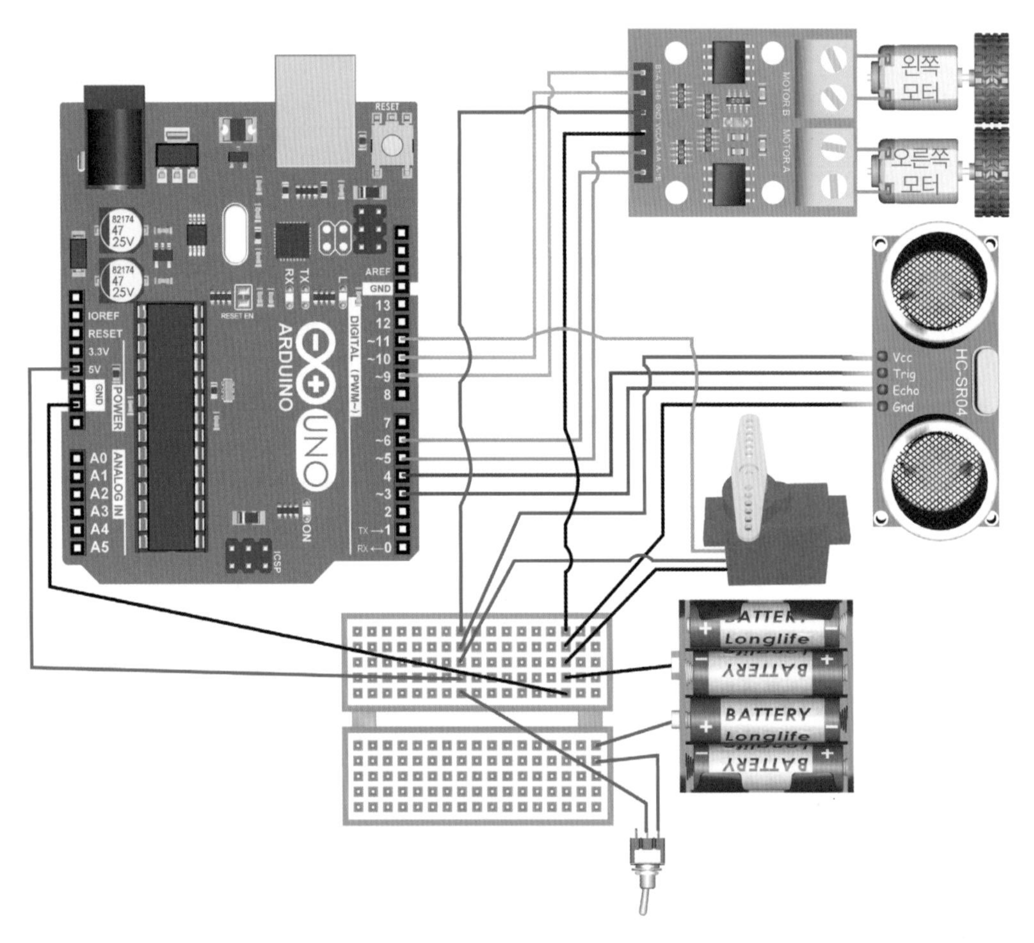

그림 3-45 자율 주행 자동차 전체회로

이렇게 보니까 정말 어려워 보이죠?

아두이노 자율 주행 자동차 전자회로를 쉽게 만들 수 있는 팁을 알면 아주 멋지게 회로를 만들 수 있습니다.

아두이노와 다른 전자부품은 병렬로 연결합니다. 즉, 다른 부품이 없어도 전기가 잘 흘러야 합니다. 플러스 극과 연결하는 부분은 모아서 연결하고, 마이너스 극과 연결하는 부분도 따로 모아서 연결합니다.

우선 전자부품과 선을 연결합니다. 플러스 극과 연결하는 부분은 밝은 색 전선으로, 마이너스 극과 연결하는 부분은 어두운 색 전선으로 연결합니다. 그래야 회로를 만들 때 헷갈리지 않습니다.

디지털 핀과 연결하는 것은 자신이 좋아하는 색의 전선으로 연결합니다.

건전지는 연결하지 말고 전자부품 중에서 플러스 극과 연결해야 하는 곳을 브레드보드에 먼저 다 연결합니다.

앞의 그림에서 빨간색 선이 플러스 극과 연결해야 하는 곳을 보여주고 있습니다.

나중에 건전지를 연결하면 빨간색 선으로 전기가 흐르겠죠? 큰 강에서 여러 개의 작은 강으로 물이 흐르는 것처럼 연결하면 됩니다.

이 플러스 극과 연결해야 하는 곳은 모두 함께 연결되어야 합니다. 전선을 브레드보드 구멍에 한 줄로 연결하면 됩니다.

주의해야 하는 부분은 바로 토글스위치입니다.

토글스위치를 끄면 배터리의 플러스 극에서 나오는 전류가 다른 부품으로 흐르지 못합니다. 이 부분을 잘못 연결하면 스위치를 꺼도 배터리에서 전기가 나와 다른 부품으로 흐를 수 있습니다.

그림 3-46처럼 배터리의 플러스 극이 오직 토글스위치로만 바로 연결되도록 회로를 만듭니다.

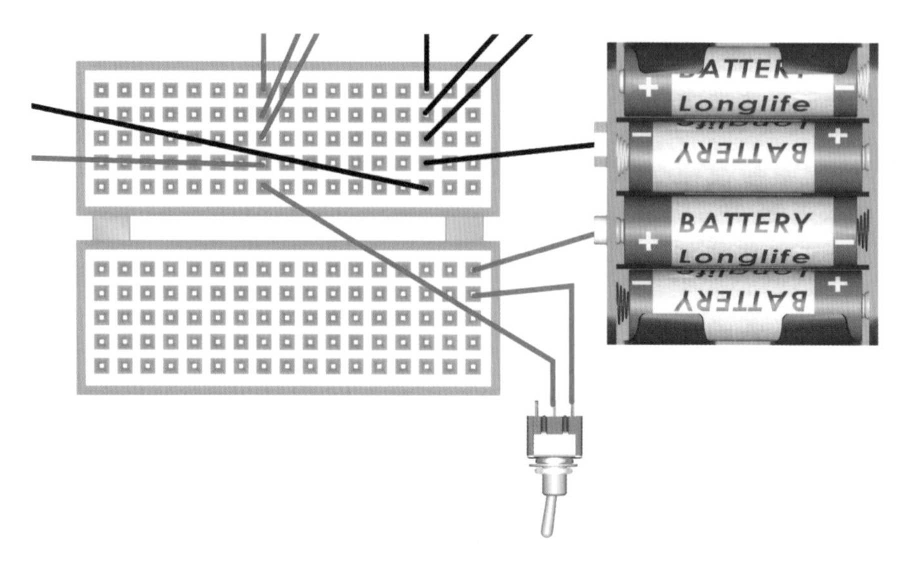

그림 3-46 토글스위치 연결

마찬가지로 전자부품 중에서 마이너스 극과 연결해야 하는 곳을 브레드보드에 연결합니다. 이 마이너스 극과 연결해야 하는 곳은 모두 함께 연결되어야 합니다.

회로를 만들 때 알아야 할 내용을 다시 배워 보겠습니다.

1. 빨간색은 플러스 극이고 **검은색**은 **마이너스 극**이다.
2. VCC는 플러스 극이고 GND는 **마이너스 극**이다.
3. 아두이노 보드에서 5V는 플러스 극이고 GND는 **마이너스 극**이다.
4. 나머지 부품이 없다고 생각하고 플러스 극에서 마이너스 극으로 전기가 잘 흐르는지 생각해본다.

그리고 디지털 핀과 전자부품을 연결하겠습니다.

모터 A(오른쪽 모터)의 A-IA, A-IB는 각각 디지털 5번, 6번 핀과 연결합니다.

모터 B(왼쪽 모터)의 B-IA, B-IB는 각각 디지털 9번, 10번 핀과 연결합니다.

	모터(MOTOR) A		모터(MOTOR) B	
	A-IA	A-IB	B-IA	B-IB
연결하는 디지털 핀	5번	6번	9번	10번

초음파 센서의 ECHO는 디지털 3번, TRIG는 디지털 4번 핀에 연결합니다.

	초음파 ECHO	초음파 TRIG
연결하는 디지털 핀	3번	4번

서보모터는 디지털 11번 핀과 연결합니다.

이렇게 회로를 만드니 참 쉽죠?

항상 전체적인 그림과 기능을 생각하면서 회로를 만들기 바랍니다.

회로를 잘 만들었는지 확인해봅시다. 자동차가 앞으로 가고 다시 뒤로 가는 것을 계속 반복하도록 코딩을 하고 테스트를 해봅시다.

앞에서 배운 내용을 이용해서 그림 3-47과 같이 코딩하고 업로딩합니다.
라인 트랙 자동차가 많이 움직여야 하므로 USB 선을 빼서 컴퓨터와 분리합니다.

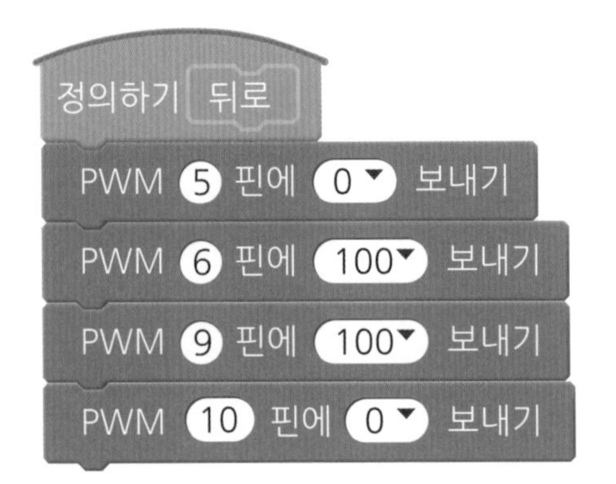

그림 3-47 앞으로-뒤로 움직이기

그런데!! 자동차가 움직이지 않습니다.
지금까지 만들었던 프로그램은 스크래치와 아두이노가 서로 통신을 하면서 실행되었습니다.

아두이노와 컴퓨터를 분리하면 스크래치와 아두이노가 통신을 할 수 없어서 프로그램이 제대로 실행되지 않습니다. 어떻게 하면 될까요?
바로 아두이노 프로그램으로 바꿔서 직접 업로딩하면 됩니다.

그림 3-48
아두이노 프로그램 명령어 연결하기

〈로보트〉 블록 모음에서 아두이노 프로그램 블록을 찾아서 연결합니다.
그림 3-49와 같이 아두이노 프로그램 블록 명령어 위에서 마우스 오른쪽 버튼을 클릭합니다. 그리고 아두이노로 업로드하기를 클릭합니다.

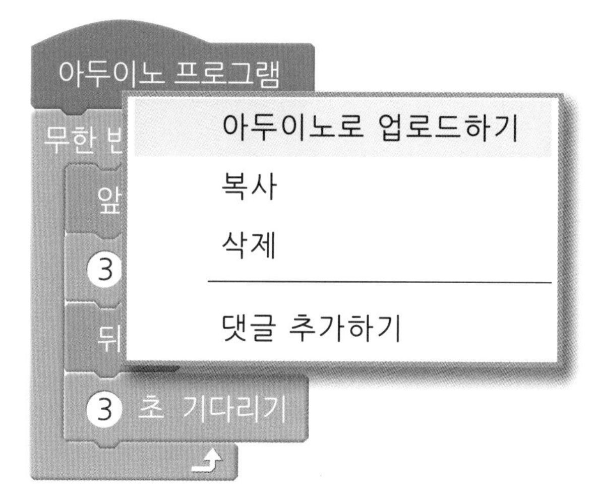

그림 3-49 아두이노로 업로드 하기

그러면 오른쪽에 그림 3-50과 같은 화면이 나옵니다.

아두이노에 업로드를 누르면 스케치라는 프로그램으로 코딩을 하고 업로딩합니다.

그런데 이 스케치 코딩은 실제 스케치 코딩과 많이 다릅니다. 따라서 이런 것이 있구나 하는 정도만 알면 되겠습니다.

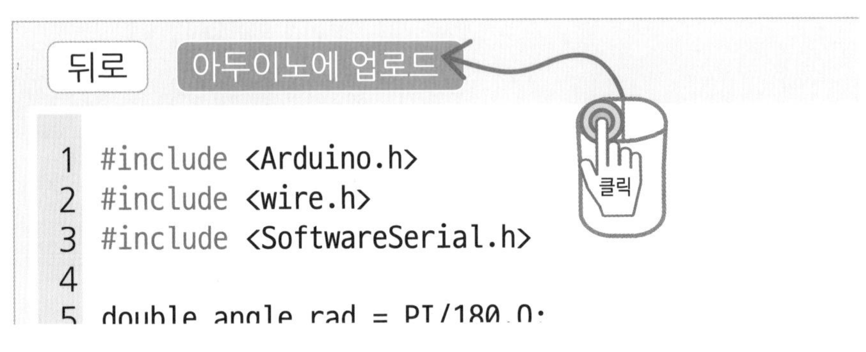

그림 3-50 아두이노에 업로드

업로드가 완료되면 닫기를 클릭합니다.

그리고 업로딩이 끝나면 화면이 그림 3-51과 같이 됩니다.

뒤로 버튼을 클릭합니다. 아두이노에 업로드 기능을 쓰면 컴퓨터와 연결이 끊기게 되니, 다시 시리얼포트로 아두이노와 컴퓨터를 연결해야 합니다.

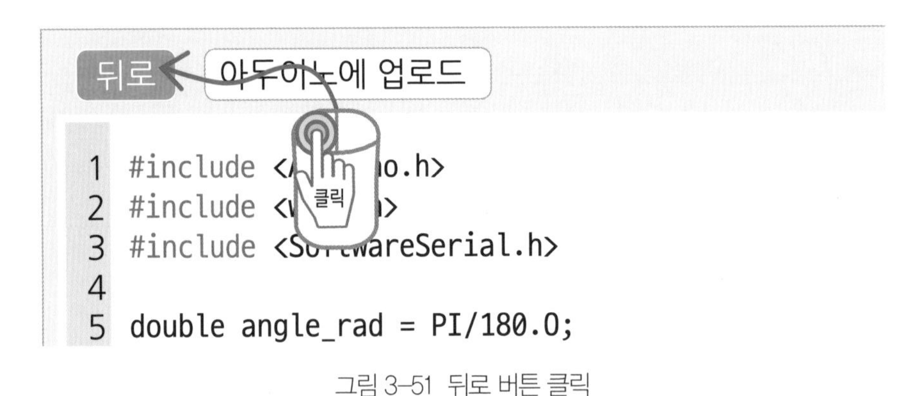

그림 3-51 뒤로 버튼 클릭

자율 주행 자동차 코딩을 해요

이제는 아두이노 자율 주행 자동차 코딩을 하겠습니다.

먼저 아두이노 자율 주행 자동차의 원리를 알아보겠습니다.

1. 자율 주행 자동차가 앞으로 가다가 장애물을 만나면 멈춘다.
2. 서보모터를 왼쪽으로 돌려서 왼쪽 장애물과의 거리를 확인한다.
3. 서보모터를 오른쪽으로 돌려서 오른쪽 장애물과의 거리를 확인한다.
4. 확인이 끝나면 뒤로 조금 움직인다.
5. 장애물과의 거리가 먼 쪽으로 회전한다.
6. 1~5번을 계속 반복한다.

그럼 하나씩 코딩을 하겠습니다.

먼저 자동차가 움직이는 경우를 함수로 만듭니다.

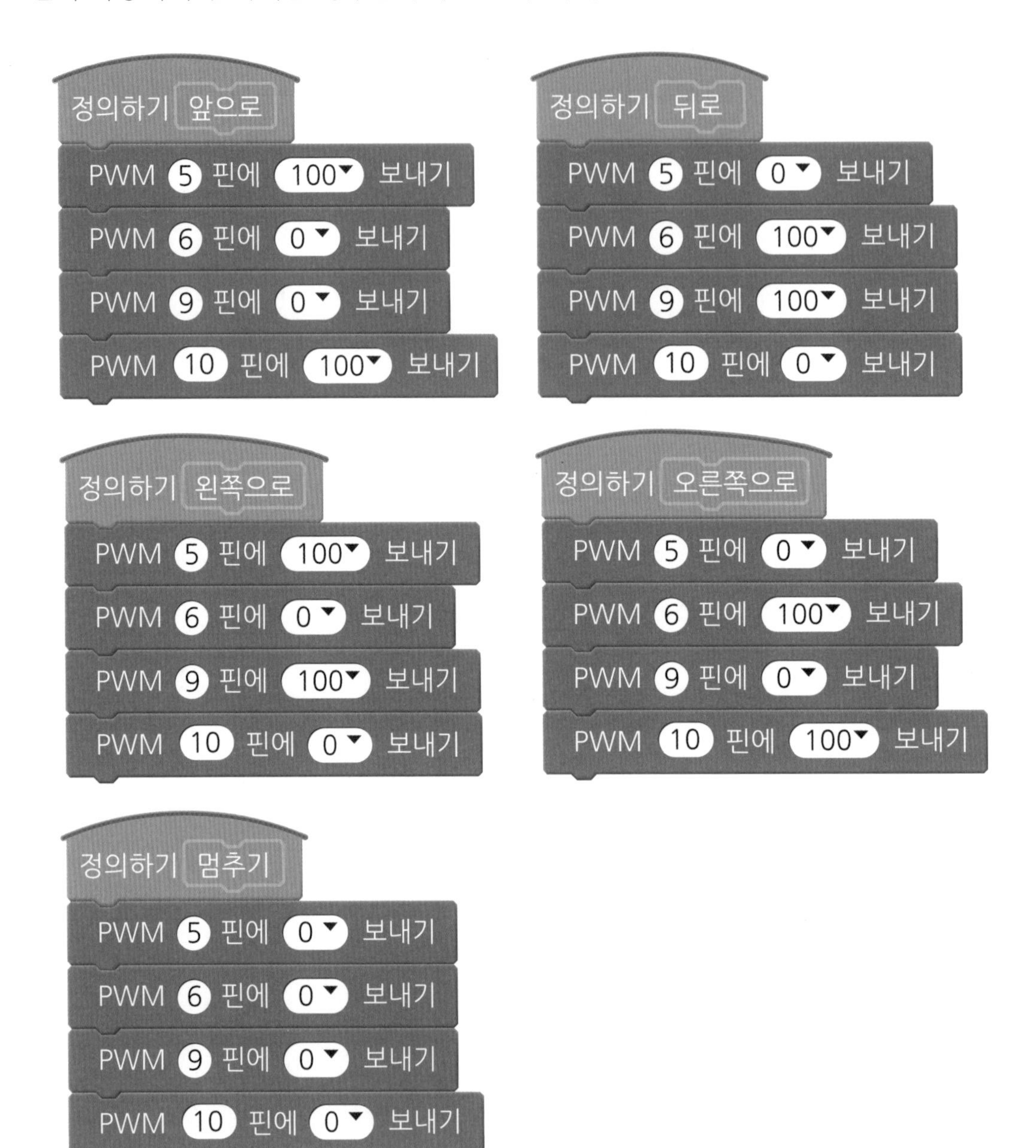

그림 3-52 함수 만들기

먼저 자동차가 움직이는 경우를 함수로 만듭니다.

우선 장애물과 거리를 확인하는 것부터 코딩을 하겠습니다.
왼쪽과 오른쪽으로 서보모터가 돌면서 초음파 센서로 장애물이 있는지 없는지 확인합니다. 그런데 한 번만 확인하는 것보다 여러 번 확인하는 것이 더욱 정확하겠죠? 이렇게 여러 번 확인한 값을 모두 더하고, 확인한 횟수만큼 나누면 정확한 값을 얻을 수 있습니다. 이것을 수학에서는 평균이라고 합니다.

예를 들어 장애물과의 거리를 10번 확인했다고 생각해봅시다. 그리고 확인한 값을 모두 적어서 아래의 표와 같으면 평균 거리는 3이 됩니다.(30÷10)

1회	2회	3회	4회	5회	6회	7회	8회	9회	10회
4	2	4	2	4	2	4	2	4	2

어때요 참 쉽죠?

그림 3-53처럼 [거리], [거리 합], [거리 평균] 변수를 만듭니다.
거리 합 변수 값을 0으로 정하고 초음파 센서로 10번 확인한 값([거리] 변수)을 더해줍니다.
그리고 10으로 나눠서 거리 평균 변수 값을 정합니다.
그리고 다시 거리 합 변수 값은 0으로 정하는 겁니다.

그림 3-54처럼 함수를 이용하면 더욱 좋겠죠?

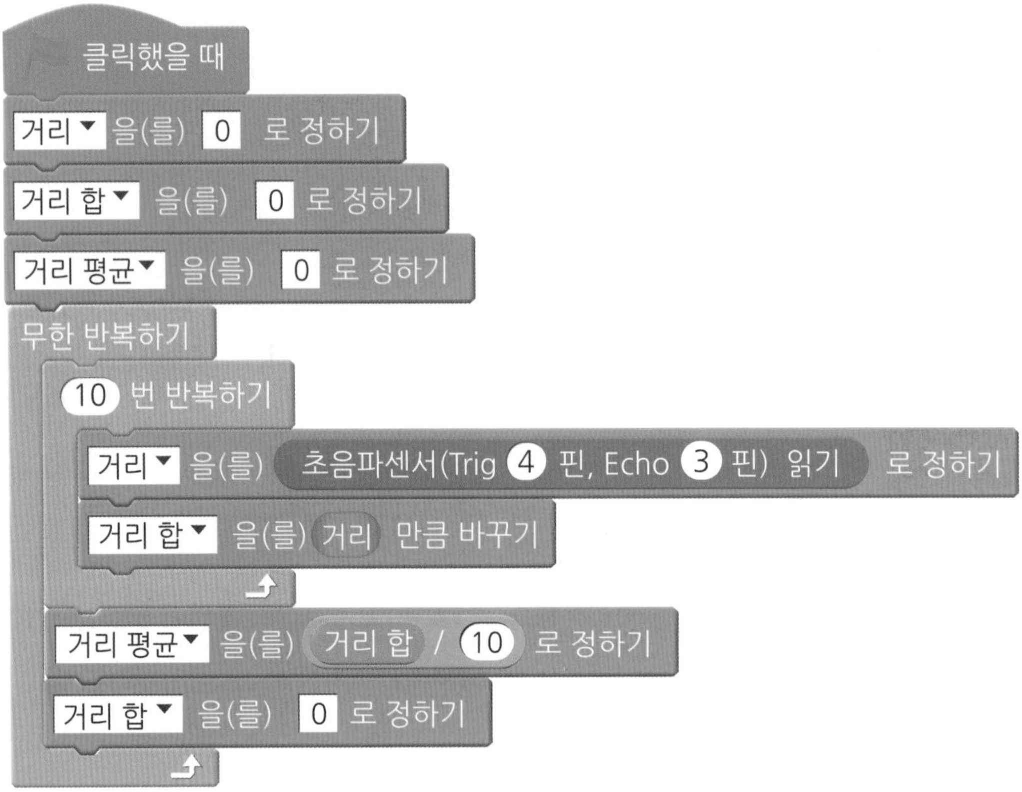

클릭했을 때
거리 ▼ 을(를) 0 로 정하기
거리 합 ▼ 을(를) 0 로 정하기
거리 평균 ▼ 을(를) 0 로 정하기
무한 반복하기
10 번 반복하기
거리 ▼ 을(를) 초음파센서(Trig 4 핀, Echo 3 핀) 읽기 로 정하기
거리 합 ▼ 을(를) 거리 만큼 바꾸기
거리 평균 ▼ 을(를) 거리 합 / 10 로 정하기
거리 합 ▼ 을(를) 0 로 정하기

그림 3-53 평균을 이용하여 거리 확인하기

그리고 거리 평균값이 어떤 값보다 작으면 멈춰서 왼쪽과 오른쪽으로 서보모터를 회전합니다. 그리고 장애물과의 거리를 확인합니다. 그리고 뒤로 조금 움직입니다. 이 책에서는 25를 기준 값으로 했습니다. 상황마다 기준값은 다를 수 있으니 테스트하면서 기준값을 바꿔줘야 합니다.

그림 3-54 평균을 이용하여 거리 확인하기(함수 이용)

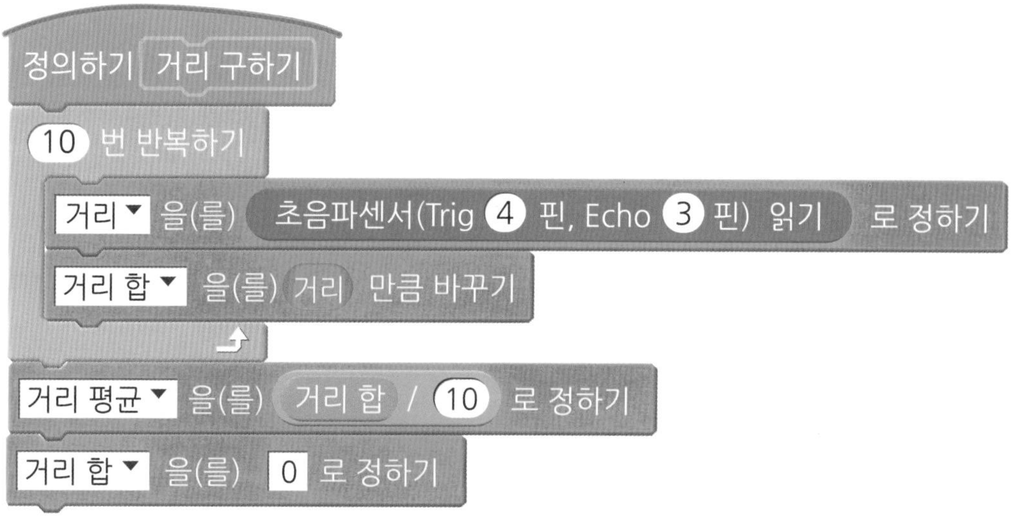

```
정의하기 거리 구하기
10 번 반복하기
    거리 ▼ 을(를) 초음파센서(Trig 4 핀, Echo 3 핀) 읽기 로 정하기
    거리 합 ▼ 을(를) 거리 만큼 바꾸기
거리 평균 ▼ 을(를) 거리 합 / 10 로 정하기
거리 합 ▼ 을(를) 0 로 정하기
```

그림 3-55 함수를 이용하여 코딩하기

먼저 왼쪽 장애물과의 거리를 확인하는 것부터 코딩을 하겠습니다. 〈장애물을 만났다면〉이라는 함수를 만듭니다.

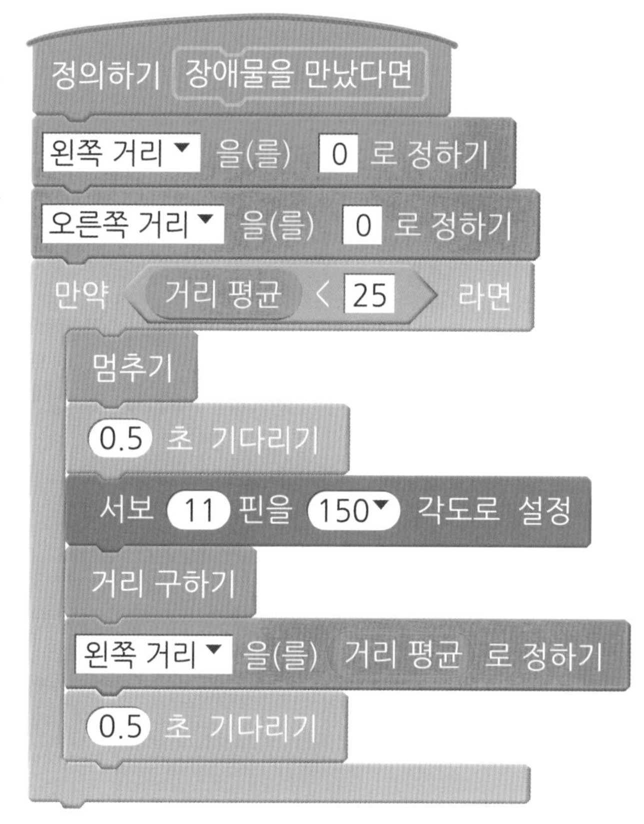

그림 3-56 〈장애물을 만났다면〉 함수 만들기

여기서 많은 실수를 하는 부분입니다. 우선 서보보터의 각도를 0으로 정합니다. 그리고 초음파 센서가 오른쪽을 볼 수 있도록 그림 3-57과 같이 브래킷에 다시 연결합니다.

그림 3-57 서보모터 각도를 0도로 해서 오른쪽을 보기

서보모터의 각도가 150가 되었을 때 왼쪽을 보기 위해서는 그림처럼 연결해야 합니다. 그렇지 않으면 초음파 센서가 이상한 방향을 보는 경우가 생깁니다.
서보보터가 0도일 때는 오른쪽을 보다가 150도가 되면 왼쪽을 보는 것입니다.
서보모터가 반대 방향으로 회전하면 다시 연결해줘야 합니다.

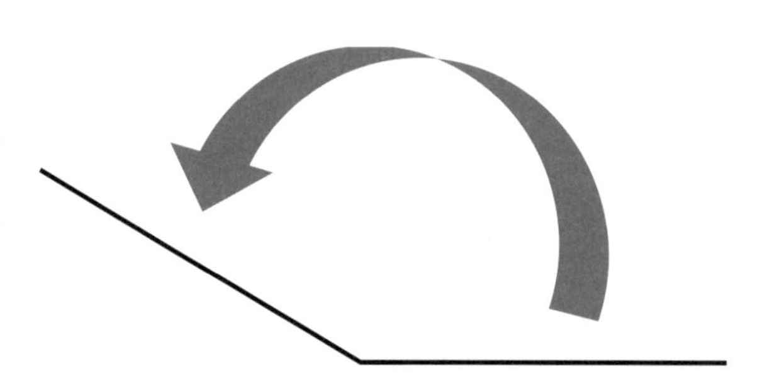

그림 3-58 왼쪽을 보기

함수를 이용하여 오른쪽을 보는 경우도 코딩합니다.

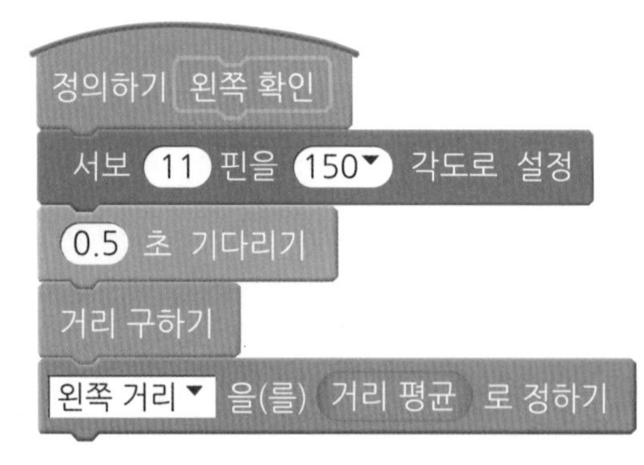

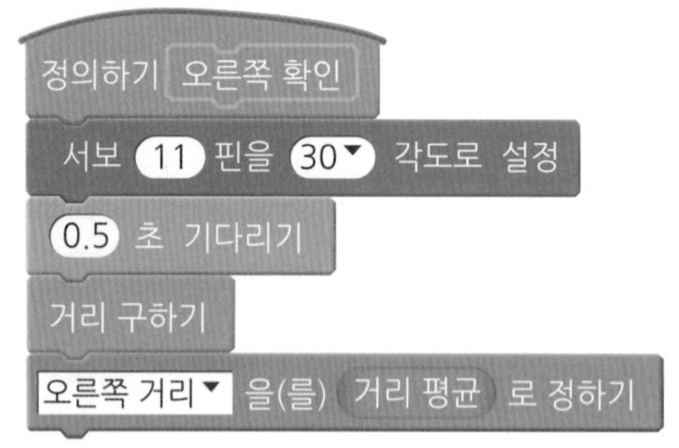

그림 3-59 오른쪽을 보는 경우 코딩

왼쪽-오른쪽을 확인하고 서보모터 각도를 90도로 해서 정면을 봅니다. 그리고 뒤로 조금 가고 움직이는 방향을 정하면 됩니다.

그림 3-60 함수를 이용하여 코딩하기

〈움직이는 방향 정하기〉 함수를 만듭니다. 왼쪽 거리 변수 값이 오른쪽 거리 변수 값보다 크면 왼쪽에 있는 장애물이 더 멀리 있다는 것이니 왼쪽으로 회전합니다.

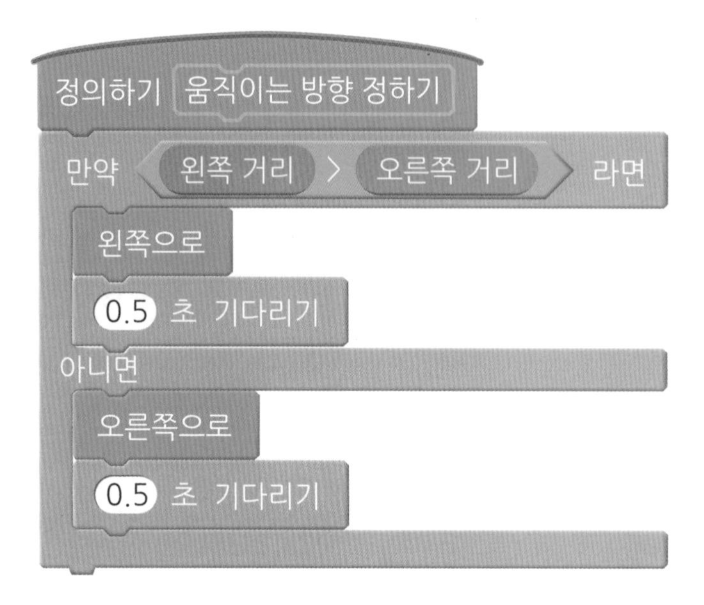

그림 3-61 〈움직이는 방향 정하기〉 함수 만들기

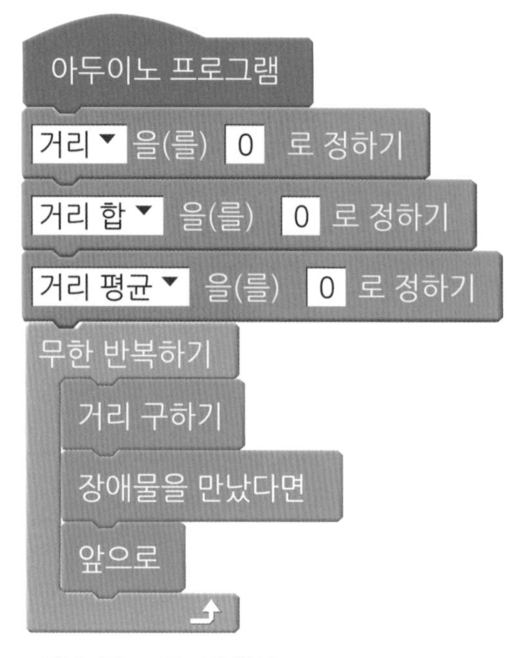

그림 3-62 프로그램 완성

자율 주행 자동차 코딩을 완성했습니다.

이렇게 함수를 이용하니 쉽게 코딩을 하죠?
지금까지 정말 정말 열심히 잘 따라와 줬습니다. 정말 감사합니다. 중간에 이해하기 힘든 부분이 있었지만 포기하지 않고 결승선에 멋지게 도착했습니다.

직접 테스트를 해볼까요? 테스트를 해보면서 멈출 때 기준값을 바꾸거나 기다리는 시간, 서보모터 회전 각도 등을 바꿔봅니다. 특히 모터가 회전하는 값을 잘 바꿔줘야 합니다.

서보모터와 DC모터는 전기를 많이 사용합니다. 자율 주행 자동차가 움직이다가 멈추는 경우가 있는데 이것은 건전지를 다 쓴 경우입니다. 이럴 때는 건전지를 바꿔줍니다.

친구들과 대결을 하는 것도 좋습니다. 누가 더 장애물을 잘 피할 수 있게 코딩을 하는지 대결을 하다보면 여러분의 코딩 실력은 더욱 좋아질 것입니다.

이제 여러분은 자신이 원하는 대로 코딩을 할 수 있습니다.

생각하는 능력이 많이 발전했을 거라고 믿습니다. 아두이노 전자회로 지식도 더욱 많이 이해했을 겁니다. 앞으로 더 열심히 공부해서 우리를 불편하게 하는 많은 문제를 해결하고 세상을 더 멋지게 만드는 슈퍼 히어로가 되길 바랍니다.

그리고 **순서**, **반복**, **조건**, **함수**를 꼭 기억하세요.